NOUVELLE MÉTHODE

POUR LA RÉSOLUTION

DES ÉQUATIONS NUMÉRIQUES

D'UN DEGRÉ QUELCONQUE,

REVUE, AUGMENTÉE

D'UN APPENDICE,

ET SUIVIE

D'UN APPERÇU

CONCERNANT LES SUITES SYNTAGMATIQUES;

(*Admise parmi les Ouvrages recommandés pour l'Enseignement, par le* CONSEIL-ROYAL DE L'INSTRUCTION PUBLIQUE);

Par Fr^{s}. D^{ré}. BUDAN DE BOISLAURENT,

CHEVALIER DE L'ORDRE ROYAL DE LA LÉGION D'HONNEUR,

INSPECTEUR GÉNÉRAL DES ÉTUDES EN L'UNIVERSITÉ ROYALE DE FRANCE, etc.

Fingere cinctutis non exaudita Cethegis
Continget, dabiturque licentia sumpta pudenter.
(HORAT. *Lib. de Arte Poët.*)

A PARIS,

Chez
DONDEY-DUPRÉ, Imprimeur-Libraire, rue St.-Louis, au Marais, N°. 46.
BACHELIER, Libraire, et HUZARD-COURCIER, Imprimeur-Libraire, rue du Jardinet, N°. 12.
Mme. V^{e}. BIENAYMÉ, au Cabinet littéraire, rue St.-Louis, au Marais, N°. 69.

Mai 1822.

ERRATA.

Pag. 38, lig. 2, au lieu de 17 + 17, mettez 17 + 19.

Pag. 44, lig. 2, avant le zéro, substituez =

Ibid. lig. 14, au lieu de 1, mettez 8.

Pag. 56, lig. 4, après *entre*, mettez *zéro*.

Ibid. lig. 10, après *somme*, mettez $n.^{\text{ième}}$

Pag. 63, lig. 8, au lieu de 4^2, mettez $4x^2$

Pag, 66, lig. 2, après les points...... mettez +

Ibid. lig. 4, au lieu de *peuvent*, mettez *peut*.

Pag. 73, lig. 16, dans le 2ᵉ. coefficient, au lieu de 23, mettez 25.

Même lig., dans le 3ᵉ. coefficient, au lieu de 48, mettez 50.

Même lig., à la fin, au lieu de 21, mettez 3[illegible].

Pag. 101, dans le second membre de [illegible]), au lieu de a_1, a_2, etc.; mettez a'_1, a'_2, etc.; au lieu de n[illegible], $n-2$, etc.; mettez, respectivement, $n, n-1$, etc.

N. B. Les cinq exemplaires ont été déposés conformément à la loi.

TABLE.

NOUVELLE MÉTHODE.

NOTES.

APPENDICE.

APPERÇU

NOUVELLE MÉTHODE

POUR LA RÉSOLUTION

DES ÉQUATIONS NUMÉRIQUES

D'UN DEGRÉ QUELCONQUE,

D'après laquelle tout le calcul exigé pour cette résolution se réduit à l'emploi des deux premières règles de l'Arithmétique.

« Cette Méthode qui, pour la facilité, ne laisse rien à désirer, est peut-être aussi la » moins incomplète qu'il soit possible d'obtenir. C'est du moins le sentiment manifesté » par Mr. LAGRANGE, qui, plus que personne, a le droit d'avoir un avis sur ce point » si difficile et si épineux » (*Rapport de la première classe de l'Institut sur les progrès des Sciences mathématiques depuis* 1789).

AVANT-PROPOS.

CET Ouvrage traite d'une matière sur laquelle se sont exercés les plus célèbres Analystes, depuis Viète jusqu'à M. Lagrange; c'est-à-dire, depuis le premier âge de l'Algèbre jusqu'à nos jours.

Avant les écrits de M. Lagrange sur la résolution des équations numériques, les travaux multipliés de ses prédécesseurs n'avaient abouti qu'à des méthodes incertaines, et rebutantes dans la pratique. Celle qu'il a publiée est exempte d'incertitude, mais on convient généralement que la pratique en est encore assez rebutante. Elle ne permettroit certainement pas de remplir le vœu de cet illustre Géometre, qui voudroit qu'on enseignât, dans l'Arithmétique même, les règles de la résolution des équations numériques.

C'est donc pour se conformer à son desir que l'auteur de cet Ouvrage a cherché une méthode d'une théorie plus simple, qui fût en même temps sûre et vraiment usuelle, susceptible, en un mot, d'être pratiquée par les commençans eux-mêmes. Cette méthode simple et facile, il est parvenu à la découvrir, ayant ainsi couronné assez heureusement, ce semble, les travaux de deux siècles sur cet objet.

Il lui a paru convenable de présenter d'abord une histoire abrégée de ces travaux : on pourra, d'aprés cette notice, juger de l'importance attachée par les plus grands Géomètres, au problème de la résolution des équations numériques (1).

Il donne ensuite un algorithme qui fait trouver, par de simples additions et soustractions, tous les termes des transformées en $(x-1)$, $(x-2)$, etc., d'une équation donnée en x. Cet algorithme a reçu, le 23 mai 1803, l'approbation de la première Classe de l'Institut.

(1) Le Rapport sur les Sciences Mathématiques, distribué à la dernière séance publique de l'Académie, fait mention de quelques nouveaux écrits relatifs aux équations, lesquels ne sont point parvenus à la connoissance de l'auteur de la *Nouvelle Méthode*.

On en trouvera une démonstration fort simple à la page 56 de cette nouvelle édition.

Puis, après avoir rappelé diverses notions fournies par l'Algèbre, concernant les équations numériques, l'auteur expose successivement les trois parties dont se compose la nouvelle Méthode. Il fait voir quels sont les cas dans lesquels la première partie suffit toute seule à la résolution de l'équation ; quels sont ceux dans lesquels il faut joindre la seconde à la première ; et dans quels cas, enfin, l'on est obligé de recourir à la troisième pour découvrir les limites des racines incommensurables. Cette dernière partie sert aussi à approcher, jusqu'à telle décimale qu'on voudra, de la valeur exacte des racines dont on a déjà des limites.

Les Notes et l'Appendice qui suivent, renferment des détails d'une assez grande importance pour que le tout soit lu avec la même attention que le corps de l'Ouvrage.

La *Nouvelle Méthode* a été mentionnée en 1808, dans le Rapport de l'Institut, parmi les écrits qui, depuis 1789, ont contribué au progrès de la science.

Elle est admise par le Conseil-Royal de l'Instruction publique, au nombre des ouvrages recommandés à MM. les Professeurs pour l'enseignement des Mathématiques.

Cette Méthode a été publiée au commencement de 1807, avant la seconde édition de l'écrit de M. Lagrange sur la même matière ; c'est à la première qu'il faut rapporter les citations qu'on y trouve de son Traité.

Le débit des exemplaires de cet Ouvrage ayant eu lieu, presque en entier, dans les années 1807, 1808 et 1809, on a pensé que reparoissant augmenté de théorêmes et procédés nouveaux, il pourroit être favorablement accueilli, des nouveaux géomètres surtout, qui se sont dû former pendant ces douze dernières années.

NOUVELLE MÉTHODE

POUR LA RÉSOLUTION DES ÉQUATIONS NUMÉRIQUES D'UN DEGRÉ QUELCONQUE.

CHAPITRE PREMIER.

Histoire abrégée des travaux entrepris sur cette matière pendant les deux derniers siècles.

1. Le problême de la Résolution des Équations numériques peut être regardé, suivant l'illustre successeur d'Euler, comme le point le plus important de toute l'Analyse. La raison qu'il en donne est que la solution de tout problême déterminé conduit à une ou plusieurs équations numériques, c'est-à-dire, dont les coefficiens sont donnés en nombres; que tout le calcul qu'on a fait est en pure perte, si l'on n'a pas les moyens de résoudre ces équations; que dès le troisième degré l'expression algébrique des racines est insuffisante pour

faire connoître, dans tous les cas, leur valeur numérique; qu'à plus forte raison le seroit-elle, si on parvenoit enfin à l'obtenir pour les équations des degrés supérieurs; et qu'on seroit toujours forcé de recourir à d'autres moyens pour déterminer, en nombres, les valeurs des racines d'une équation donnée; détermination qui est, en dernier résultat, l'objet de tous les problêmes que le besoin ou la curiosité offrent à résoudre. [*Séances des Ecoles Normales*, tom. 3, p. 463, 476.]

2. Indépendamment d'une autorité aussi grave sur ce point, l'importance de ce problême est assez démontrée par les efforts multipliés d'un grand nombre d'analystes célèbres des XVIIe et XVIIIe siècles, pour obtenir une méthode générale, directe et sûre, propre à faire découvrir toutes les racines réelles d'une équation numérique donnée. Nous allons présenter une légère esquisse des travaux de ces analystes, en prenant pour guide l'illustre auteur déjà cité.

3. Viète qui, le premier, s'occupa de la résolution des équations numériques d'un degré quelconque, y employa des opérations analogues à celles qui servent à extraire les racines des nombres. Harriot, Ougtred, etc., ont essayé de faciliter la pratique de sa méthode. « Mais » la multitude des opérations qu'elle demande, et l'incer- » titude du succès dans un grand nombre de cas, l'ont » fait abandonner entièrement, avant la fin du XVIIe siècle». [*De la Résolution des Equations numériques, par M. Lagrange*, pag. 1.]

4. La méthode de Newton a succédé à celle de Viète. Ce n'est proprement qu'une méthode d'approximation,

qui suppose qu'on connoît déjà la racine cherchée, à une quantité près, moindre que le dixième de cette racine. « Elle ne sert, comme on voit, que pour les » équations numériques qui sont déjà à-peu-près résolues ; » de plus, elle n'est pas toujours sûre ; elle a encore l'in- » convénient de ne donner que des valeurs approchées » des racines mêmes qui peuvent être exprimées exacte- » ment en nombres, et de laisser en doute si elles sont » commensurables ou non ». [*De la Résolution des Equations numériques*, p. 3.]

5. La méthode que Daniel Bernoulli a déduite de la considération des séries récurrentes, et qu'Euler a exposée dans son Introduction à l'Analyse infinitésimale, n'offre aussi qu'un moyen d'approximation. « Cette méthode » et celle de Newton, quoique fondées sur des principes » différens, reviennent à-peu-près au même, dans le fond, » et donnent des résultats semblables ». [*De la Résolution* etc., p. 152.]

6. Ce fut Hudde qui trouva qu'en multipliant chaque terme d'une équation donnée par l'exposant de l'inconnue, et en égalant le produit total à zéro, on obtient une équation qui renferme les conditions de l'égalité des racines de la proposée. Rolle, de l'Académie des Sciences, découvrit ensuite que les racines de l'équation ainsi formée sont les limites de celles de l'équation proposée. Ce principe est la base de sa méthode des *Cascades*, publiée d'abord sans démonstration, dans son Traité d'Algèbre en 1690. Cette méthode a été ainsi nommée, parcequ'elle fait dépendre la détermination des limites de chacune des racines de l'équation

proposée, de la résolution de différentes équations successives, qui vont toujours en baissant d'un degré. « La longueur des calculs que cette méthode demande, » et l'incertitude qui naît des racines imaginaires, l'ont » fait abandonner depuis longtemps » [*De la Résolution*, etc. p. 166]. Rolle, dans ce même Traité d'Algèbre, assigne pour limite de la plus grande valeur de l'inconnue, le plus grand coefficient négatif de l'équation, augmenté d'une unité ; le coefficient du premier terme étant 1.

7. La méthode de Stirling, pour déterminer le nombre et les limites des racines réelles du troisième et du quatrième degré, a été généralisée depuis par Euler, dans son Traité du Calcul différentiel. « Elle revient dans le » fond à celle de Rolle ». [*De la Résolution* etc., p. 166.]

8. En 1747, le célèbre Fontaine donna, sans démonstration, une nouvelle méthode. *Je la donne*, disoit-il, *pour l'analyse en entier, que l'on cherche si inutilement depuis l'origine de l'Algèbre.* Cette méthode suppose que l'on peut toujours, par la substitution des nombres 1, 2, 3, etc., au lieu de l'inconnue, dans les équations qu'elle emploie, trouver deux nombres qui donnent deux résultats de signes différens : « ce qui n'a » lieu, dit M. Lagrange, qu'autant que ces équations » ont des racines positives, dont la moindre différence » est plus grande que l'unité ; (*ou, pour parler plus* » *exactement, qu'autant qu'il y a de ces racines qui ne* » *sont pas comprises, en nombre pair, entre deux nombres* » *entiers consécutifs*). D'après cette considération, il est » facile de trouver des exemples où la méthode de Fon-

» taine est en défaut ». [*De la Résolution* etc., p. 162.]

9. Ce défaut avoit lieu également dans toute méthode qui emploie les substitutions pour déterminer les limites des racines réelles et inégales d'une équation numérique, lorsque M. Lagrange publia, dans les Mémoires de l'Académie de Berlin pour l'année 1767, un nouveau procédé, le seul jusqu'ici qui ait offert un moyen direct et sûr d'obtenir cette détermination. Son Mémoire contenoit aussi une méthode pour approcher, autant qu'on veut et en employant l'expression la plus simple, de la valeur exacte d'une racine, lorsque l'on connoît le plus grand nombre entier compris dans cette valeur.

Le procédé dû à M. Lagrange, consiste à substituer successivement, à la place de l'inconnue, dans l'équation débarrassée des racines égales qu'elle peut avoir, les termes d'une progression arithmétique $o, D, 2D, 3D$, etc., dont la différence D soit moindre que la plus petite différence des diverses racines de cette équation. La grande difficulté étoit de trouver ce nombre D : le génie fécond de l'illustre géomètre lui fournit trois manières d'y parvenir.

10. La première, qu'il proposa en 1767, exige le calcul de l'équation qui a pour racines les différences entre les racines de l'équation proposée. « Mais, dit » M. Lagrange, pour peu que le degré de l'équation » proposée soit élevé, celui de l'équation des différences » monte si haut, qu'on est effrayé de la longueur du » calcul nécessaire pour trouver la valeur de tous les » termes de cette équation ; puisque le degré de la pro-

» posée étant m, on a $\frac{m(m-1)}{2}$ coefficiens à calculer.
» [*Par exemple, pour une équation du dixième degré,
» la transformée seroit du quarante-cinquième*].

» Comme cet inconvénient pouvoit rendre la mé-
» thode générale presque impraticable dans les degrés
» un peu élevés, je me suis longtemps occupé des
» moyens de l'affranchir de la recherche de l'équation
» des différences, et j'ai reconnu en effet que, sans cal-
» culer entièrement cette équation, on pouvoit néan-
» moins trouver une limite moindre que la plus petite
» de ses racines ; ce qui est le but principal du calcul de
» cette même équation ». [*De la Résolution* etc., p. 124.]

11. La seconde manière de trouver le nombre D est consignée dans les leçons que l'auteur donna aux Ecoles Normales, en 1795. Elle demande le calcul d'une équation du même degré que la proposée, ayant pour ses racines les différentes valeurs dont est susceptible le coefficient Y de l'avant-dernier terme d'une équation en $(x-a)$; a étant une racine réelle quelconque de la proposée, dont x est l'inconnue. « Mais cette équation
» en Y, dit M. Lagrange, peut encore être fort longue
» à calculer, soit qu'on la déduise de l'élimination, soit
» qu'on veuille la chercher directement par la nature
» même de ses racines ». [*De la Résolution* etc., p. 127.]

12. Ce coefficient Y étant une fonction de x, l'auteur a fait depuis réflexion qu'on pouvoit toujours éliminer l'inconnue x du produit du polynome Y, multiplié par un polynome ξ à coefficiens indéterminés, procédant suivant les puissances $m-1$, $m-2$, etc., de x ; en

faisant disparoître du produit $Y\xi$, au moyen de la proposée, toutes les puissances de x plus hautes que x^{m-1}, puis égalant à o chacun des multiplicateurs de x, ce qui donne la valeur des coefficiens indéterminés de ξ, et réduit le produit $Y\xi$ à son terme tout connu représenté par K, d'où $Y=\frac{K}{\xi}$. Par suite de ces opérations, les coefficiens de l'équation inverse de celle aux différences, qui étoient divisés par Y, ne sont plus affectés que d'un diviseur indépendant de x, et la recherche de D en devient moins pénible. Ce troisième procédé, publié en 1798, est moins rebutant que les deux autres; néanmoins son auteur reconnoît qu'*il peut entraîner dans des calculs assez longs*. [*De la Résolution* etc., p. 223.]

13. « Le nombre D [*trouvé d'une de ces trois manières*] » pourra être souvent beaucoup plus petit qu'il ne seroit » nécessaire pour faire découvrir toutes les racines; mais, » dit M. Lagrange, il n'y a à cela d'autre inconvénient que » d'augmenter le nombre des substitutions successives à » faire pour x dans la proposée » [*Séances des Ecoles Normales*, tome 3, p. 466]. Cet inconvénient paroît encore assez grave dans la pratique, car il peut, en certains cas, donner lieu à des milliers, et même à un nombre indéfiniment plus grand, d'opérations superflues. Du reste, l'auteur l'a considérablement diminué, en donnant le moyen d'opérer, par de simples additions et soustractions, les substitutions de nombres entiers qui suivent celles des m premiers nombres 1, 2, 3, etc., dans une équation du degré m.

14. Il semble donc que la méthode de la limite de la

plus petite différence des racines, qui d'ailleurs porte l'empreinte du génie de son immortel auteur, ne réponde pas, en tout point, à l'objet qu'il s'est proposé, qui est de « déterminer les premières valeurs à substituer » pour x, desorte que, d'un côté, *on ne fasse pas trop* » *de tâtonnemens inutiles*, et que, de l'autre, on soit » assuré de découvrir, par ce moyen, toutes les racines » réelles de l'équation » [*Séances des Ecoles Normales*, tome 3, p. 477]. Nous ferons voir dans les chapitres suivans qu'on peut, à beaucoup moins de frais et sans recourir à cette longue et pénible recherche de la limite de la moindre différence des racines, se procurer toujours cette assurance.

15. En outre, le desir du célèbre auteur étant que les règles de la résolution des équations numériques soient données dans l'arithmétique, sauf à renvoyer à l'algèbre les démonstrations qui dépendent de cette dernière science, ne peut-on pas dire que ce vœu ne se trouve point rempli par une méthode dont la théorie est trop compliquée, et la pratique trop difficile pour des commençans?

16. Il restoit donc encore à glaner dans ce même champ où M. Lagrange a recueilli une si abondante moisson. Nous avons cherché à réaliser son projet, en découvrant une méthode nouvelle d'une théorie simple et d'une application facile. Nous présentons aux jeunes élèves un aliment de facile digestion, dont peut-être ils nous sauront quelque gré. Nous n'osons nous flatter d'obtenir le même accueil des personnages consommés dans la science: suivant un ancien adage, les mouches ne sont

point la pâture des aigles, *aquila non capit muscas*. On voudra bien cependant observer que les méthodes des anciens, lesquelles supposoient un grand travail, une grande force de tête, ont cédé la place, dans l'enseignement, à des méthodes modernes plus à la portée du vulgaire ; nous espérons que cette considération préservera d'un superbe dédain les procédés aussi faciles à pratiquer qu'à concevoir, que nous offrons en ce moment au public.

17. A cette considération il en faut joindre une autre, tirée du besoin que l'on a d'une méthode qui soit praticable et vraiment usuelle pour la résolution des équations numériques, si l'on veut que l'algèbre puisse s'appliquer convenablement aux arts et aux besoins de la société. Nous rappellerons, à ce sujet, ce que disoit l'académicien Rolle, lorsqu'il publia sa méthode des *Cascades*. « Lorsqu'on a envisagé toutes les conditions qui sont nécessaires pour le succès d'une entreprise, on pourroit souvent s'aider de l'algèbre pour y réussir ou pour en connoître l'impossibilité ; mais on aime mieux chercher d'autres conditions, ou tenter l'exécution par différens moyens, que d'avoir recours à cette science, et, en cela, on a eu quelque raison : car si l'on veut se servir de l'algèbre dans l'invention d'une machine ou pour quelqu'autre recherche, en n'employant d'ailleurs que les expériences des physiciens et les principes des géomètres, on arrivera à des égalités (*équations*) irrationnelles d'un degré fort élevé, et il est plus difficile d'éviter ces égalités dans cette application, que d'éviter les fractions quand on pratique l'arpentage. Cependant les règles qu'on a données jusqu'ici pour résoudre ces égalités, ne

» sont *ni* scientifiques *ni* générales, et il suffit de les éprou-» ver pour en être rebuté ». On a aujourd'hui, à la vérité, des *règles scientifiques et générales*; mais quel est celui qui, les ayant essayées, pourra dire qu'elles ne sont pas rebutantes ?

18. Si dans cette esquisse des travaux de deux siècles, concernant la résolution des équations numériques, l'immortel Descartes semble avoir été oublié, c'est que nous nous sommes réservé d'en parler ailleurs. Comment aurions-nous pu oublier sa fameuse règle des variations et des permanences de signes, publiée pour la première fois en 1637, et qui, longtemps négligée, reçoit dans notre méthode une application nouvelle, et, en quelque sorte, une nouvelle existence ?

CHAPITRE II.

PROBLÊME PRÉLIMINAIRE : *Etant donnée une équation numérique en* x *d'un degré quelconque, trouver, par de simples additions et soustractions, les coefficiens de sa transformée en* (x — 1)*; et généralement, de sa transformée en* (x — n), n *étant un nombre entier ou décimal.*

19. AVANT que de donner la solution de ce problême, nous expliquerons ce qu'il faut entendre par les sommes premières, secondes, troisièmes, etc., d'une suite de termes.

Lorsqu'une suite de termes quelconques étant donnée, on forme une autre suite *sommatoire* de la première, c'est-à-dire, qui a pour loi que son $n^{ième}$ terme soit la somme des n premiers termes de la suite donnée, cela s'appelle prendre les *sommes premières*, ou simplement les sommes de la première suite.

Ce mot *somme* doit s'entendre dans le sens algébrique; il exprime l'excédant de la somme des termes précédés d'un des signes + ou — sur celle des termes précédés du signe contraire.

Prendre ensuite les sommes de ces sommes premières, cela s'appelle prendre les *sommes-secondes* de la suite donnée. De même, les sommes de ces *sommes-secondes* s'appellent les *sommes-troisièmes* de la première suite, et ainsi du reste.

Voici un exemple de ces diverses sommes :

Suite donnée.........	1...	1...	1...	1...	1.
Sommes-premières.....	1...	2...	3...	4...	5.
Sommes-secondes......	1...	3...	6...	10...	15.
Sommes-troisièmes....	1...	4...	10...	20...	35,
	etc.		etc.		

Les suites dont on s'est servi dans ce premier exemple, appartiennent à celles des nombres que les Géomètres appellent *nombres figurés*, lesquelles ont généralement pour 1er terme, l'unité ; pour 2e terme, un nombre entier m ; et pour terme $n^{ième}$, un nombre exprimé par $\frac{m(m+1)\ldots\ldots(m+n-2)}{1.2\ldots\ldots\ldots(n-1)}$:

Autre exemple, dans lequel la suite donnée est composée de termes pris arbitrairement, les uns positifs, les autres négatifs :

Suite donnée.......	2+	5—	3+	4—	3+	0—	1.
Sommes-premières..	2+	7+	4+	8+	5+	5+	4.
Sommes-secondes...	2+	9+	13+	21+	26+	31+	35.
Sommes-troisièmes..	2+	11+	24+	45+	71+	102+	137.
	etc.		etc.				

20. Voici maintenant deux propositions d'où résulte la solution demandée. (*Pour leur démonstration, voyez ci-après les* NOTES.)

Première proposition. La somme $m^{ième}$ des n premiers termes d'une suite quelconque, égale la somme de ces termes multipliés respectivement, mais en ordre inverse, par les n premiers nombres figurés de l'ordre m, c'est-à-dire, appartenant à la suite dont le second terme est m.

Ainsi la somme $m^{ième}$ des n premiers termes de cette suite.....

$$A_0 + A_1 + A_2 + \ldots\ldots + A_{n-1}$$

est égale à.... $A_{n-1} + mA_{n-2} + \ldots\ldots + \frac{m\ldots\ldots(m+n-2)}{1\ldots\ldots(n-1)} A_0$

Par exemple, la somme-troisième de ces quatre termes $2+5-3+4$ est $(1\times4-3\times3+6\times5+10\times2)=45$, de même qu'on l'a reconnu plus haut en prenant les sommes et les sommes de sommes.

Seconde proposition. Un polynome quelconque, procédant suivant les puissances entières et positives d'une quantité x, depuis le degré m jusqu'au degré zéro, se transforme en un autre polynome d'égale valeur, procédant suivant les mêmes puissances de $(x-1)$, dont les coefficiens respectifs, à commencer par celui du dernier terme, sont,

1°. La somme-première de tous les coefficiens du polynome donné.

2°. La somme-seconde de tous les coefficiens, hormis le dernier.

3°. La somme-troisième de ces coefficiens, excepté les deux derniers. Et ainsi de suite.

Soit, par exemple, ce polynome

$$2x^3 - 3x^2 + 5x - 3.$$

Coefficiens donnés . . . $2 - 3 + 5 - 3$.
Sommes-premières . . . $2 - 1 + 4 + 1$.
Sommes-secondes. . . . $2 + 1 + 5$. . .
Sommes-troisièmes . . . $2 + 3$. . . . .
Sommes-quatrièmes. . . 2. . . . . . .

Ainsi les coefficiens du polynome en $(x - 1)$ sont....

$$2 + 3 + 5 + 1\,;$$

et l'on a

$$2(x-1)^3 + 3(x-1)^2 + 5(x-1) + 1 = 2x^3 - 3x^2 + 5x - 3.$$

Cette équation a lieu, quelque valeur qu'on donne à x.

S'il manque dans le polynome proposé quelque puissance de x, il faut la mettre en évidence, en lui donnant zéro pour coefficient.

Soit, par exemple, $x^3 - 7x + 7$.

Coefficiens donnés. . . . $1 + 0 - 7 + 7$.
Sommes-premières . . . $1 + 1 - 6 + 1$.
Sommes-secondes. . . . $1 + 2 - 4$. . .
Sommes-troisièmes . . . $1 + 3$. . . . .
Sommes-quatrièmes. . . 1. . . . . . .

On a donc....

$$x^3 - 7x + 7 = (x-1)^3 + 3(x-1)^2 - 4(x-1) + 1.$$

21. Il est évident qu'une équation dont le premier membre est égal à zéro, offre précisément le même cas que le polynome de la proposition précédente. Ainsi l'algorithme par lequel on obtient la transformée en $(x - 1)$ d'une équation donnée en x, consiste dans le

même procédé employé pour la transformation d'un polynome d'une valeur quelconque.

Etant donc donnée l'équation....

$$x^3 - 7x + 7 = 0,$$

les coefficiens de sa transformée en $(x - 1)$ sont....

$$1 + 3 - 4 + 1.$$

Pareillement, pour l'équation....

$$x^3 - 2x - 5 = 0,$$

les coefficiens de sa transformée en $(x - 1)$ sont....

$$1 + 3 + 1 - 6.$$

22. Par le même algorithme, on passera de la transformée en $(x - 1)$ à celle en $(x - 2)$; de celle-ci à la transformée en $(x - 3)$; et ainsi de suite indéfiniment.

On obtiendra donc très-promptement les coefficiens de ces diverses équations.

Coefficiens des équations, dans le 1er exemple du n° 21...

en x	$1 + 0 - 7 \pm 7$
en $(x - 1)$. . .	$1 + 3 - 4 + 1$
en $(x - 2)$. . .	$1 + 6 + 5 + 1$
en $(x - 3)$. . .	$1 + 9 + 20 + 13$
etc.	etc.

Coefficiens des équations, dans le second exemple....

en x	$1 + 0 - 2 - 5$
en $(x - 1)$. . .	$1 + 3 + 1 - 6$
en $(x - 2)$. . .	$1 + 6 + 10 - 1$
en $(x - 3)$. . .	$1 + 9 + 25 + 16$
etc.	etc.

23. Il est aisé d'observer que par ces transformations, on finit par avoir des coefficiens qui sont tous de même signe.

Observons aussi que si l'équation proposée n'est que du troisième degré, on peut obtenir les coefficiens de ses transformées successives par un moyen encore plus rapide que l'algorithme général. Nos lecteurs le devineront sans peine à la simple inspection des coefficiens représentés dans le n° précédent. Dans ce cas, le calcul des transformées s'opère instantanément, sans avoir besoin d'écrire d'autres chiffres que ceux qu'on voit ici.

24. Le même algorithme fournit le moyen d'obtenir les transformées en $(x-10)$, $(x-20)$, $(x-30)$, etc.; celles en $(x-100)$, $(x-200)$, $(x-300)$, etc.; etc.

Il faut, pour cela, substituer dans la proposée une inconnue x' qui soit, respectivement, dix fois, cent fois, etc. moindre que x. Les coefficiens de cette équation en x' s'obtiennent, comme l'on sait, sans calcul, par le placement convenable de la virgule qui indique les décimales.

On se procure ensuite les transformées en $(x'-1)$, $(x'-2)$, $(x'-3)$, etc.; ou, ce qui revient au même, en $\left(\frac{x-10}{10}\right)$, $\left(\frac{x-20}{10}\right)$, $\left(\frac{x-30}{10}\right)$, etc.; ou bien en.... $\left(\frac{x-100}{100}\right)$, $\left(\frac{x-200}{100}\right)$, $\left(\frac{x-300}{100}\right)$, etc.; selon qu'on a fait $x'=\frac{x}{10}$, ou $x'=\frac{x}{100}$, etc.

Il ne s'agit plus que de rendre les inconnues de ces transformées, respectivement, dix ou cent fois, etc. aussi grandes ; ce qui s'opère par le déplacement convenable de la virgule dans leurs coefficiens.

Soit, par exemple, l'équation

$$x^3 - 4x^2 + 3x - 6 = 0,$$

dont on demande les transformées en $(x-10)$, $(x-20)$, etc.

On fera $x = 10x'$; d'où....

$$x'^3 - 0{,}4x'^2 + 0{,}03x' - 0{,}006 = 0.$$

Coefficiens des équations....

en x' . . . . 1 − 0,4 + 0,03 − 0,006

en $\left(\frac{x-10}{10}\right)$ ou $(x'-1)$. . . 1 + 2,6 + 2,23 + 0,624

en $\left(\frac{x-20}{10}\right)$ ou $(x'-2)$. . . 1 + 5,6 + 10,43 + 6,454

etc. etc.

Et par conséquent on aura, pour les coefficiens des équations....

en $(x-10)$. . . 1 + 26 + 223 + 624

en $(x-20)$. . . 1 + 56 + 1043 + 6454

etc. etc.

On voit aisément comment, par une marche analogue, on se procureroit les transformées en $(x-\frac{1}{10})$, $(x-\frac{2}{10})$, etc. ; celles en $(x-\frac{1}{100})$, $(x-\frac{2}{100})$, etc. ; etc.

25. Si l'on veut avoir l'équation où l'inconnue de la proposée est diminuée d'un nombre de plusieurs chiffres, par exemple, l'équation en $(x-312)$; on se procurera d'abord l'équation en $(x'-3)$, en faisant $x = 100x'$; et par suite, celle en $(x-300)$, comme il vient d'être indiqué.

Puis on fera $x-300 = 10x''$; on obtiendra l'équation en $(x''-1)$; et par suite, celle en $(x-310)$. De cette dernière, on passera à celle en $(x-311)$; et de celle-ci à l'équation demandée en $(x-312)$.

Voici, par exemple, la marche qu'il faudroit suivre, si la proposée était....

$$x^3-4x^2+3x-6=0.$$

Soit $x=100x'$; d'où

$$x'^3-0{,}04x'^2+0{,}0003x'-0{,}000006=0.$$

Coefficiens des équations.....

en x' .... $1-0{,}04+\ 0{,}0003-\ 0{,}000006$
en $(x'-1)$... $1+2{,}96+\ 2{,}9203+\ 0{,}960294$
en $(x'-2)$... $1+5{,}96+11{,}8403+\ 7{,}840594$
en $(x'-3)$... $1+8{,}96+26{,}7603+26{,}640894$

Ainsi les coefficiens de l'équation en $(x-300)$ sont....

$$1+896+267603+26640894.$$

Faisant ensuite $x-300=10x''$, on a les coefficiens des équations...

en x''......... $1+89{,}6+2676{,}03+26640{,}894$
en $(x''-1)$... $1+92{,}6+2858{,}23+29407{,}524.$

Or $x''-1=\dfrac{x-310}{10}$; il s'ensuit qu'on aura les coefficiens des équations....

en $(x-310)$... $1+926+285823+29407524$
en $(x-311)$... $1+929+287678+29694274$
en $(x-312)$... $1+932+289539+29982882.$

Il est aisé de voir comment on obtiendroit l'équation où l'inconnue de la proposée seroit diminuée d'un nombre décimal de plusieurs chiffres; par exemple, l'équation en $\left(x-\dfrac{312}{100}\right)$: nous ne nous arrêterons point à ces détails.

26. En considérant le tableau des opérations par lesquelles on passe d'un polynome en x à son équivalent en $(x - 1)$ [20], on n'aura pas de peine à rcconnoître comment on peut passer réciproquement d'un polynome en $(x - 1)$ à son équivalent en x; et parconséquent, de celui en x à son équivalent en $(x + 1)$, et ainsi de suite. Dans le premier cas, on a pris des *sommes*; dans le second, òn prend des *différences*.

Choisissons pour exemple, le polynome en x du n° 20, dont les coefficiens sont....

$$2 - 3 + 5 - 3;$$

et son équivalent en $(x - 1)$, qui a pour coefficiens....

$$2 + 3 + 5 + 1.$$

Pour passer de celui-ci à l'autre, on écrit ses coefficiens et on procède comme il suit :

Coefficiens du polynome en $(x - 1)$...		$2 + 3 + 5 + 1$
Suites dans chacune desquelles le $n^{\text{ième}}$ terme est la différence du terme qui le précède au terme $n^{\text{ième}}$ de la suite supérieure...	1ère....	$2 + 1 + 4 - 3$
	2ième...	$2 - 1 + 5$....
	3ième...	$2 - 3$........
	4ième...	2............

On obtient ainsi les coefficiens du polynome en x, et l'on se procurera de la même manière ceux du polynome en $(x + 1)$. En voici le tableau

Coefficiens du polynome en x..........		$2 - 3 + 5 - 3$
Suites de différences prises suivant la loi qui vient d'être indiquée....................	1ière...	$2 - 5 + 10 - 13$
	2ième...	$2 - 7 + 17$....
	3ième...	$2 - 9$........
	4ième...	2..........

Les coefficiens obtenus pour le polynome en $(x+1)$, sont....

$$2-9+17-13;$$

ce qu'il est d'ailleurs aisé de vérifier par le procédé inverse.

27. On a remarqué ci-dessus qu'en opérant les transformations successives en $(x-1)$, $(x-2)$, etc., on parvient à une transformée en $(x-u)$, dont tous les termes sont de même signe. Ici l'on observera que les transformations en $(x+1)$, $(x+2)$, etc. conduisent à une transformée en $(x+u')$, dont les termes ne présentent que des *variations* de signe, comme on le remarque dans le polynome en $(x+1)$ du dernier exemple, dont les coefficiens sont alternativement précédés du signe $+$ et du signe $-$. Lorsqu'on est une fois parvenu à ce polynome en $(x+u')$, les transformées ultérieures en $(x+u'+1)$, $(x+u'+2)$, etc. n'offriront aucune *permanence* de signe : cela s'apperçoit par la nature même du procédé.

Les équations du troisième degré sont susceptibles d'une abréviation analogue à celle qui est indiquée au n° 23.

CHAPITRE III.

Diverses notions fournies par l'Algèbre, concernant les équations numériques.

28. On peut toujours transporter dans un même membre tous les termes d'une équation, ensorte qu'elle paroisse sous cette forme :.

$$A_0x^m + A_1x^{m-1} + \ldots\ldots + A_{m-1}x^1 + A_mx^0 = 0 ;$$

m étant un nombre entier positif; les coefficiens ayant par eux-mêmes une valeur positive ou négative, et quelques-uns pouvant aussi être nuls. C'est sous cette forme que nous considérerons toujours les équations.

Le but principal qu'on se propose dans la résolution d'une équation déterminée, est de trouver exactement ou par approximation, s'il y a lieu, tous les nombres réels, dont la substitution, à la place de l'inconnue, rend nulle la somme de tous les termes du premier membre. On donne à ces nombres le nom de *racines réelles de l'équation*; elles sont ou positives ou négatives.

29. Le nombre des racines réelles d'une équation ne peut jamais surpasser m, c'est-à-dire, le nombre qui en indique le degré; il peut lui être inférieur, ou même être nul. L'excédant de m sur le nombre des racines réelles est nécessairement un nombre pair, indicateur du nombre des racines imaginaires qui satisfont à l'équation.

On entend par quantité imaginaire, le symbole d'un résultat d'opération, impossible à obtenir, à raison de son absurdité : par exemple, la racine quarrée d'une quantité négative, telle que $\sqrt{-4}$.

Toute racine ou quantité imaginaire se peut réduire à l'une de ces formes, $\pm A + \sqrt{-B}$, et $\pm A - \sqrt{-B}$, A et B étant des quantités réelles. Si une équation a une de ses racines sous une de ces formes, elle en a nécessairement une sous l'autre ; les racines imaginaires se trouvant ainsi toujours unies par couples.

30. Toute équation qui a pour racine un nombre $\pm n$, est divisible par le facteur $x \mp n$; celle qui a une couple de racines imaginaires, est divisible par le facteur réel du second degré, $x^2 \mp 2Ax + A^2 + B$.

Généralement, une équation du degré m est le produit de m facteurs simples, soit réels, soit imaginaires : le nombre des facteurs simples réels est égal à celui des racines réelles de l'équation.

31. Lorsque, par la substitution d'un nombre n à la place de x, la somme de tous les termes de l'équation est rendue égale à une quantité positive ; et que la substitution d'un autre nombre n' donne au contraire un résultat négatif, on est assuré qu'il y a une ou plusieurs racines en nombre impair, dont la valeur est comprise entre n et n', et réciproquement.

Mais la substitution ne donne point de résultats de signes différens, lorsque les racines comprises entre n et n' sont en nombre pair.

La substitution de quelque nombre que ce soit ne donne que des résultats positifs, lorsque l'équation n'a que des racines imaginaires.

32. Quand on change, dans une équation, le signe des termes du rang pair, ou de ceux du rang impair, les racines de l'équation, après ce changement, sont les mêmes qu'avant, au signe près; c'est-à-dire que les racines négatives deviennent positives, et que les positives deviennent négatives.

Il s'ensuit que pour trouver toutes les racines réelles d'une équation, il suffit de savoir trouver les racines positives.

33. Toute équation de degré impair a, pour le moins, une racine réelle positive, si son dernier terme est négatif; ou une racine réelle négative, si ce terme est positif.

Dans les équations de degré pair, il y a toujours, pour le moins, une racine réelle positive, et une autre négative, si le dernier terme est négatif; mais si ce terme est positif, on n'en peut rien conclure pour la réalité des racines.

34. Le résultat de la substitution d'un nombre $\pm n$, à la place de x, dans une équation donnée, est égal au terme tout connu de sa transformée en $(x \mp n)$. Par conséquent $\pm n$ est une racine de la proposée, lorsque le dernier terme de la transformée en $(x \mp n)$ est égal à zéro. Et généralement, la proposée a autant de racines égales à $\pm n$, qu'il y a, dans cette transformée, de termes consécutifs, à commencer par le dernier, qui égalent zéro.

35. La somme du coefficient du premier terme d'une équation et du plus grand coefficient de signe contraire étant prise sans qu'on ait égard aux signes, et divisée par le premier coefficient, le quotient est plus grand que la plus grande racine positive qui puisse appartenir à l'équa-

tion; et ce quotient s'appelle une limite de cette plus grande racine.

Si le coefficient du premier terme de l'équation est $+1$, le plus grand coefficient négatif, pris positivement et augmenté de l'unité, est une limite de la plus grande racine positive.

On a, pour obtenir une limite plus approchée de la plus grande racine positive, divers moyens qu'il est inutile de rappeler ici. Observons seulement qu'on peut souvent y parvenir en faisant $x=10x'$, ou $x=100x'$, etc., l'équation en x' pouvant indiquer une limite de la plus grande valeur de x', qui décuplée, ou centuplée, etc., donne pour x une nouvelle limite beaucoup plus rapprochée.

Exemple....

Equation en x...... $x^4+2x^3+3x^2-451=0$

Equation en $x'=\frac{x}{10}$... $x'^4+0{,}2x'^3+0{,}03x'^2-0{,}0451=0$;

la limite en plus de x' étant 1,0451, celle de x est 10,451; et cette dernière est bien plus resserrée que 452, limite indiquée par le plus grand coefficient négatif de l'équation en x. Cette limite plus resserrée peut se reconnoître à la seule vue de la proposée, par une simple opération mentale.

Le terme tout connu de l'équation étant divisé par la somme de ce terme et du plus grand coefficient de signe contraire, prise sans égard pour les signes, le quotient est plus petit que la plus petite racine positive que l'équation puisse avoir; il en est une limite.

36. L'Algèbre fournit le moyen de préparer une équation, de manière que son premier terme n'ait d'autre

coefficient que l'unité, et que les autres coefficiens soient tous des nombres entiers. Il en résulte que les équations à résoudre peuvent toutes être considérées comme ramenées à cette forme.

L'équation ainsi préparée ne peut avoir pour racines réelles que des nombres entiers ou des nombres fractionnaires irrationnels. En général, ces racines irrationnelles ne sont susceptibles d'être déterminées que par approximation.

37. L'algèbre donne aussi le moyen de débarrasser une équation des racines égales qu'elle peut avoir, ensorte que les racines multiples n'y subsistent plus que comme racines simples. Ainsi les équations à résoudre peuvent être considérées comme n'ayant que des racines inégales.

38. Une équation ne peut avoir plus de racines réelles positives, qu'il n'y a de variations dans la succession des signes de ses coefficiens; ni plus de racines réelles négatives, qu'il ne s'y trouve de permanences de signe : telle est la fameuse règle de Descartes.

Ainsi, dans le cas où toutes les racines de l'équation sont réelles, il y a précisément autant de racines positives que de variations de signe, et autant de racines négatives que de permanences.

Lorsqu'un des coefficiens de l'équation est zéro, et que les coefficiens du terme précédent et du suivant sont de même signe, l'équation a nécessairement des racines imaginaires.

On peut reconnoître si une équation a toutes ses racines réelles ou non, au moyen de l'équation dont les racines sont les quarrés des différences des racines de la proposée. Dans le premier cas, cette équation aux quarrés des différences n'a que des variations de signe; tandis qu'elle a nécessairement des permanences, si la proposée a des racines imaginaires. Mais le calcul des coefficiens de cette équation est en général tellement pénible, qu'on n'est guère tenté d'employer ce moyen.

39. On peut déduire de la règle de Descartes, les deux propositions suivantes :

1°. Une équation en x, dont toutes les racines sont réelles, a autant de racines comprises entre zéro et p, qu'il y a de permanences de signe dans la transformée en $(x-p)$, de plus que dans l'équation en x.

1°. Une équation de cette espèce ne peut avoir, soit une, soit deux, soit n racines comprises entre zéro et p, si sa transformée en $(x-p)$ n'a pas, respectivement, une, ou deux, ou n permanences de signe, de plus que l'équation en x.

N. B. Nous avons démontré, dans un Mémoire présenté à la première classe de l'Institut, en 1811, que la seconde proposition est applicable à une équation quelconque; toutefois, cette proposition n'étant pas absolument nécessaire pour l'emploi de notre Méthode, nous nous abstenons de nous en servir dans le corps de l'Ouvrage, et nous renvoyons ailleurs sa démonstration, qui sera jointe à celle de plusieurs autres théorêmes concernant les variations et les permanences de signe. (*Voyez* l'Appendice, art. 1er)

CHAPITRE IV.

Exposition de la nouvelle Méthode. Première Partie. Cas où l'on n'a besoin que de cette partie de la Méthode.

40. Nous allons maintenant exposer successivement les divers procédés qui constituent notre Méthode, en renvoyant aux nos du chapitre précédent, où sont contenus les principes qui servent de base aux résultats que l'on obtient par ces procédés. Pour concevoir le rapport des uns aux autres, il suffit au lecteur qui ne seroit point assez avancé dans l'Algèbre, de tenir les principes pour démontrés, sans chercher à en connoître la démonstration; et s'il ne veut que posséder le *mécanisme* de la Méthode, il n'a besoin que de savoir opérer les transformations, conformément à l'algorithme du second chapitre.

41. Etant donc donnée une équation en x du degré m, on se procurera ses transformées successives en $(x-1)$, $(x-2)$, $(x-3)$, et ainsi de suite, jusqu'à ce qu'on parvienne à une transformée en $(x-u)$, dont les coefficiens soient tous de même signe.

Cette dernière transformée ne pouvant point avoir de racine positive, le nombre entier u est une limite de la plus grande valeur positive de l'inconnue.

S'il arrive que la proposée elle-même n'offre que des permanences de signe, il ne reste à chercher que les racines négatives qu'elle peut avoir, et on procédera comme il sera dit plus bas [44].

42. Lorsque le dernier coefficient d'une équation qui a pour inconnue $(x-p)$, est égal à zéro, l'équation en x a une racine égale au nombre p; et plus généralement, si n coefficiens consécutifs de la transformée, à compter du dernier, sont égaux chacun à zéro, la proposée a n racines égales, chacune, à p [34]. Par cette circonstance, l'équation en $(x-p)$ se trouve abaissée de n degrés.

A raison de cet abaissement, il peut y avoir quelque avantage à ne débarrasser l'équation de ses racines égales, qu'après avoir opéré les transformations du n° 41.

43. Lorsque le dernier coefficient d'une équation en $(x-p)$ est de signe contraire à celui de la transformée en $(x-p-1)$, la proposée a une ou plusieurs racines en nombre impair, dont la valeur est comprise entre p et $p+1$. Car les coefficiens dont il s'agit, expriment précisément les résultats que donne la proposée, quand on y met successivement p et $p+1$ à la place de x [31].

44. Les racines négatives de la proposée étant, au signe près, égales aux racines positives qu'auroit cette équation si les signes de ses termes pairs étoient tous changés, on fera ce changement, puis on opérera comme ci-dessus [41], et on obtiendra des résultats analogues.

45. Par cette première partie de la Méthode, on trouve,

en certains cas, toutes les racines réelles de l'équation, soit exactement, soit approximativement, à moins d'une unité près.

Un premier cas est celui où la proposée n'a ni racines imaginaires, ni plusieurs racines réelles comprises entre deux nombres entiers p et $p+1$.

Un second cas est celui où l'on sait d'avance que toutes les racines de la proposée sont réelles, encore que, parmi ces racines, il y en ait d'incommensurables comprises, en tel nombre que ce soit, entre deux nombres entiers consécutifs.

Un troisième cas a lieu, lorsqu'on sait que l'équation n'a qu'une racine réelle, positive ou négative, ou bien qu'elle en a deux, l'une positive, et l'autre négative, ainsi qu'il arrive dans des équations de cette forme, $x^m \mp A = 0$.

46. *Premier exemple.* Soit l'équation.....

$$x^4 - 10x^3 + 36x^2 - 54x + 27 = 0.$$

Coefficiens des équations.......

en x.........$1 - 10 + 36 - 54 + 27$

en $(x-1)$...$1 - 6 + 12 - 8 + 0$

en $(x-2)$...$1 - 3 + 3 - 1$

en $(x-3)$...$1 + 0 + 0 + 0$

Les racines de cette équation sont donc 1 et 3; cette dernière racine est triple [42], c'est à dire que la proposée est divisible par $(x-3)^3$.

Second exemple.... $x^3 - 5x^2 + x + 7 = 0$.

Coefficiens des équations......

en x.........	$1 - 5 + 1 + 7$
en $(x-1)$...	$1 - 2 - 6 + 4$
en $(x-2)$...	$1 + 1 - 7 - 3$
en $(x-3)$...	$1 + 4 - 2 - 8$
en $(x-4)$...	$1 + 7 + 9 - 5$
en $(x-5)$...	$1 + 10 + 26 + 12$.

La proposée a donc deux racines positives incommensurables, dont les valeurs sont respectivement comprises entre 1 et 2, et entre 4 et 5. Pour avoir ensuite la racine négative, on change les signes des termes de rang pair dans la proposée [44], et l'on a......

$$x^3 + 5x^2 + x - 7 = 0.$$

Coefficiens des équations......

en $x = -x$ . .	$1 + 5 + 1 - 7$
en $(x-1)$. . .	$1 + 8 + 14 + 0$.

Donc la racine négative de la proposée est -1.

Troisième exemple.... $x^3 - 7x + 7 = 0$.

Coefficiens des équations......

en x.	$1 + 0 - 7 + 7$
en $(x-1)$ . . .	$1 + 3 - 4 + 1$
en $(x-2)$ . . .	$1 + 6 + 5 + 1$.

Coefficiens des équations......

en $x = -x$. . . .	$1 - 0 - 7 - 7$
en $(x-1)$	$1 + 3 - 4 - 13$
en $(x-2)$	$1 + 6 + 5 - 13$
eu $(x-3)$	$1 + 9 + 20 - 1$
en $(x-4)$	$1 + 12 + 41 + 29$.

L'équation proposée étant de celles qu'on sait avoir toutes ses racines réelles, il en résulte que non-seulement elle a une racine négative dont la valeur est entre — 3 et — 4 [43], mais aussi qu'elle a deux autres racines positives comprise entre 1 et 2, parceque la transformée en $(x-2)$ a deux permanences de signe de plus que celle en $(x-1)$ [39]. Telle est, dans ce cas, la conséquence de la règle de Descartes.

Quatrième exemple.... $x^3 - 1745 = 0$.

Coefficiens des équations....

en x	1	+ 0	+ 0	— 1745
en $(x-1)$...	1	+ 3	+ 3	— 1744
en $(x-2)$...	1	+ 6	+ 12	— 1737
en $(x-3)$...	1	+ 9	+ 27	— 1718
en $(x-4)$...	1	+ 12	+ 48	— 1681
en $(x-5)$...	1	+ 15	+ 75	— 1620
en $(x-6)$...	1	+ 18	+ 108	— 1529
en $(x-7)$...	1	+ 21	+ 147	— 1402
en $(x-8)$...	1	+ 24	+ 192	— 1233
en $(x-9)$...	1	+ 27	+ 243	— 1016
en $(x-10)$...	1	+ 30	+ 300	— 745
en $(x-11)$...	1	+ 33	+ 363	— 414
en $(x-12)$...	1	+ 36	+ 432	— 17
en $(x-13)$...	1	+ 39	+ 507	+ 452.

Donc la racine de l'équation est entre 12 et 13.

47. Nous avons suivi dans ce dernier exemple, la marche la plus longue; car il est aisé de voir que x devant être un nombre entier, exprimé par deux chiffres,

on pouvoit d'abord se procurer les transformées en $(x-10)$, $(x-20)$, etc., par le procédé indiqué plus haut [24], en faisant d'abord $x = 10x'$, ce qui changeoit l'équation en..... $x'^3 - 1{,}745 = 0$.

Coefficiens des équations....

en x' .... $1 + 0 + \ 0 - 1{,}745$

en $\left(\frac{x-10}{10}\right)$ ou $(x'-1)$... $1 + 3 + \ 3 - 0{,}745$

en $\left(\frac{x-20}{10}\right)$ ou $(x'-2)$... $1 + 6 + 12 + 6{,}255$

Et par conséquent....

en $(x-10)$... $1 + 30 + \ 300 - 745$

en $(x-20)$... $1 + 60 + 1200 + 6255$.

Donc la racine est entre 10 et 20. Il ne reste qu'à se procurer les transformées successives après celle en $(x-10)$, jusqu'à celle en $(x-19)$ tout au plus.

Coefficiens des équations....

en $(x-10)$... $1 + 30 + 300 - 745$

en $(x-11)$... $1 + 33 + 363 - 414$

en $(x-12)$... $1 + 36 + 432 - \ 17$

en $(x-13)$... $1 + 39 + 507 + 452$.

Et l'on conclura, comme plus haut, que la racine 3ième ou cubique de 1745 est entre 12 et 13.

La nouvelle Méthode offre donc un moyen d'extraire, par des additions et soustractions, la racine $m^{ième}$, exacte ou approchée, d'un nombre quelconque. Si l'on veut comparer cette méthode avec les anciens procédés, nous laissons à juger lequel des deux moyens mérite la préférence.

48. Le procédé que nous avons employé dans le n° précédent, n'est pas applicable seulement aux équations à deux termes; on peut aussi l'employer dans une équation quelconque, toutes les fois qu'on aura sujet de penser, d'après l'examen des coefficiens de la proposée, que le plus grand nombre entier, faisant partie de la plus grande racine positive, peut être exprimé par plusieurs chiffres. Dans ce cas, il pourra être plus convenable de faire $x = 10x'$, ou $x = 100x'$, etc., et de se procurer d'abord les transformées en $(x - 10)$, $(x - 20)$, etc.; ou en $(x - 100)$, $(x - 200)$, etc, etc.; ou bien encore, de résoudre l'équation en x', à l'aide des transformées successives en $(x' - 1)$, $(x' - 2)$, etc.; puis d'en déduire les valeurs de x.

Ces remarques détruiront sans doute cette objection que l'irréflexion pourroit opposer à notre Méthode; savoir : « que si les racines étoient exprimées en nombres » un peu grands, la Méthode seroit impraticable » par sa longueur, et qu'on auroit beaucoup plus tôt » fait de chercher les mêmes choses par les méthodes » ordinaires ».

On peut se rassurer contre cette prétendue longueur, puisque le nombre des transformées successives exigées par cette Méthode, si faciles d'ailleurs à obtenir par notre Algorithme, est égal au nombre des chiffres qu'on veut avoir à la racine, plus la somme de ces mêmes chiffres considérés comme n'exprimant chacun que des unités simples. Par exemple, pour avoir le nombre 812, le nombre des transformées seroit $3+8+1+2=14$.

49. Veut-on maintenant avoir, dans les cas précédens, des racines plus approchées, à telle unité décimale près qu'il plaira, on peut employer la méthode d'approximation qui sera exposée ci-après, au Chapitre VI.

CHAPITRE V.

Suite de l'exposition de la nouvelle Méthode. Seconde Partie. Cas où cette Partie, jointe à la première, suffit pour faire découvrir les limites de toutes les racines réelles d'une équation.

50. Les cas mentionnés dans le chapitre précédent ne sont pas les plus nombreux. Tantôt l'équation à résoudre n'a que des racines imaginaires; tantôt ses racines sont toutes réelles, mais on l'ignore, et plusieurs d'entr'elles ayant pour limites les mêmes nombres entiers p et $p+1$, on ne peut les découvrir toutes par les seules transformées en $(x-1)$, $(x-2)$, etc.; d'autres fois quelques-unes des racines sont réelles, et d'autres sont imaginaires, sans qu'on le sache ou qu'on soit instruit du nombre des unes ou des autres. Dans ces diverses circonstances, on aura recours à des transformées *collatérales*, en la manière qui va être expliquée.

51. Il faut d'abord observer que la résolution des équations se réduisant à la recherche des racines positives [32], cette recherche elle-même se réduit à celle des racines positives qu'une équation quelconque peut avoir au-dessous de l'unité. Ceci est une conséquence des transformations successives; car il est évident que pour connoître toutes les racines positives de l'équation en x, il suffit de connoître respectivement les racines positives inférieures à l'unité, 1°. de la proposée; 2°. de sa transformée

en $(x-1)$; 3°. de celle en $(x-2)$; et ainsi de suite, jusqu'à la dernière transformée qui conserve quelque variation de signe. On voit en effet que pour découvrir les racines que la proposée peut avoir entre p et $p+1$, il ne s'agit que de trouver dans l'équation en $(x-p)$, les valeurs de l'inconnue $(x-p)$ comprises entre o et 1. Tel est donc le problême dont il faut obtenir généralement la solution : Etant donnée une équation qui n'a point de racines égales, s'assurer si elle a, ou si elle n'a pas des racines comprises entre o et 1.

52. Lorsqu'on ignore si l'équation proposée a toutes ses racines réelles, l'examen de la succession des signes ne fournit plus un indice certain de l'existence des racines qui peuvent être comprises entre p et $p+1$. Si l'équation en $(x-p-1)$ a des permanences de signe de plus que l'équation en $(x-p)$, le signe du dernier terme dans chacune de ces équations étant le même, on peut seulement soupçonner qu'il y a des valeurs de $(x-p)$ entre zéro et un, et parconséquent des valeurs de x entre p et $p+1$; mais ce soupçon reste à vérifier.

D'une autre part, si la seconde proposition mentionnée au n° 39 étoit admise comme principe général pour une équation quelconque, ce principe fourniroit un motif constant d'exclusion contre toute valeur qu'on voudroit attribuer à $(x-p)$ entre zéro et un, toutes les fois que l'équation en $(x-p-1)$, n'a pas plus de permanence de signe que l'équation en $(x-p)$. Dès lors on détermineroit sur le champ, au moyen des exclusions qu'on seroit autorisé à prononcer, les seuls nombres entiers parmi lesquels on doive chercher ceux qui sont, à moins d'une unité près, les racines de l'équation proposée. Comme nous n'apporterons point ici de preuves de la généralité de ce principe, nous allons recourir à un autre motif de rejet.

53. Soit, par exemple, cette équation....

$$x^3-4x^2+3x-6=0;$$

l'équation inverse en z ou $\frac{1}{x}$ est, comme l'on sait, celle dont les coefficiens sont les mêmes que ceux de l'équation en x, mais en ordre inverse....

$$6z^3-3z^2+4z-1=0.$$

La transformée en $(z-1)$ est....

$$6(z-1)^3+15(z-1)^2+16(z-1)+6=0.$$

Cette transformée n'ayant que des permanences de signes, offre un indice ou *criterium* certain de l'absence de toute racine réelle entre zéro et un, dans l'équation en x. *Généralement l'équation en* x *ne peut avoir plus de racines entre* 0 *et* 1, *que la transformée en* $(z-1)$ *ou* $\left(\frac{1}{x}-1\right)$ *n'a de variations de signe.*

Et si l'équation en $(z-1)$ a son dernier terme négatif, celle en x a, pour le moins, une racine réelle entre zéro et un.

54. Appliquons ce *criterium* à l'équation....

$$x^3-2x-5=0,$$

et faisons $\frac{1}{x}=z$, $\frac{1}{x-1}=z_1$, $\frac{1}{x-2}=z_2$, et ainsi de suite.

Coefficiens des équations....

en x.........$1+0-2-5$....en $(z-1)$....$5+17+17+6$
en $(x-1)$....$1+3+1-6$....en (z_1-1)....$6+17+13+1$
en $(x-2)$....$1+6+10-1$....en (z_2-1)....$1-7-23-16$
en $(x-3)$....$1+9+25+16$.

Et pour la recherche des racines négatives, soit $x=-\mathrm{x}$, $\frac{1}{\mathrm{x}}=z$, etc.

Coefficiens des équations....

en x.........$1-0-2+5$....en $(z-1)$....$5+13+11+4$
en $(\mathrm{x}-1)$....$1+3+1+4$.

Ces transformations collatérales suffisent, comme l'on voit, pour la résolution approximative de l'équation, à moins d'une unité près; elles donnent l'exclusion à tout nombre négatif; et elles excluent en même temps tout nombre positif, excepté le nombre 2, lequel est admis pour le plus grand nombre entier compris dans la racine, par le double motif que le dernier terme de l'équation en $(x-3)$ est de signe contraire à celui de l'équation en $(x-2)$, et que le dernier terme de l'équation collatérale en (z_2-1) est négatif: ces deux motifs coincident toujours ensemble.

55. Ces transformations suffisent aussi pour déterminer, à moins d'une unité près, les racines réelles d'une équation, toutes les fois qu'à chaque couple d'équations en $(x-p)$ et $(x-p-1)$, dont les derniers termes respectifs sont de même signe, correspond une équation collatérale en (z_p-1) qui n'a que des permanences de signe.

Exemple.... $x^4 - 12x^3 + 58x^2 - 132x + 121 = 0.$

en x .... 1 − 12 + 58 − 132 + 121 ... en $(z - 1)$ .. 121 + 352 + 388 + 192 + 36

en $(x-1)$ ... 1 − 8 + 28 − 48 + 36 ... en $(z_1 - 1)$ .. 36 + 96 + 100 + 48 + 9

en $(x-2)$ ... 1 − 4 + 10 − 12 + 9 ... en $(z_2 - 1)$ .. 9 + 24 + 28 + 16 + 4

en $(x-3)$ ... 1 + 0 + 4 + 0 + 4 ... en $(z_3 - 1)$ .. 4 + 16 + 28 + 24 + 9

en $(x-4)$ ... 1 + 4 + 10 + 12 + 9.

Les transformées collatérales donnant ici l'exclusion à tout nombre positif, et la proposée n'ayant point de permanence de signe, par conséquent point de racine négative, il s'ensuit que toutes ses racines sont imaginaires.

Autre exemple.... $x^4 - 5x^3 + 5x^2 + 6x - 12 = 0.$

Coefficiens des équations......

en x .... 1 − 5 + 5 + 6 − 12 .... en $(z - 1)$ .... 12 + 42 + 49 + 25 + 5

en $(x-1)$ .... 1 − 1 − 4 + 5 − 5 .... en $(z_1 - 1)$ .... 5 + 15 + 16 + 14 + 4

en $(x-2)$ .... 1 + 3 − 2 − 2 − 4 .... en $(z_2 - 1)$ .... 4 + 18 + 32 + 23 + 4

en $(x-3)$ .... 1 + 7 + 13 + 7 − 4 .... en $(z_3 - 1)$ .... 4 + 9 − 11 − 38 − 24

en $(x-4)$ .... 1 + 11 + 40 + 58 + 24.

Puis on fait $x = -\mathrm{x}$, $\frac{1}{\mathrm{x}} = \mathrm{z}$, etc.

Coefficiens des équations......

en x .... 1 + 5 + 5 + 6 − 12 ..... en $(\mathrm{z} - 1)$ ... 12 + 54 + 85 + 51 + 7

en $(\mathrm{x} - 1)$ ... 1 + 9 + 26 + 23 − 7 ..... en $(\mathrm{z}_1 - 1)$ ... 7 + 5 − 53 − 102 − 52

en $(\mathrm{x} - 2)$ ... 1 + 13 + 59 + 106 + 52.

D'après les transformées collatérales, on reconnoît que les seules racines réelles de l'équation sont 3 et − 1, à moins d'une unité près.

46 L'uniformité des signes dans l'équation en $(z_p - 1)$ ne permettant pas d'attribuer aucune valeur à $(x - p)$ entre 0 et 1, on peut demander si la proposition inverse est également vraie; c'est à dire, si cette uniformité a toujours lieu, lorsque $x - p$ n'a aucune valeur positive inférieure à

l'unité. Si cela étoit, on voit que l'emploi des transformations collatérales ne fourniroit pas seulement un motif certain d'exclusion contre des nombres qui n'appartiennent pas aux racines de l'équation proposée, mais qu'il feroit aussi connoître avec certitude les nombres entiers qui sont, à moins d'une unité près, des racines de cette équation.

57. Pour obtenir la réponse à cette demande, il faut considérer que si $x - p$ n'a pas de valeur entre zéro et un, alors l'équation en z_p ou $\frac{1}{x-p}$ n'ayant pas de valeur supérieure à l'unité, la transformée en $(z_p - 1)$ ne peut avoir pour racines réelles que des racines négatives. Donc tous les facteurs réels simples que cette transformée peut avoir, sont de la forme $z_p - 1 + A$; et si ces facteurs ne sont associés qu'à des facteurs du second degré de la forme $(z_p - 1)^2 + P(z_p - 1) + Q$, ($A$, P et Q étant positifs par eux-mêmes), il est évident que la transformée en $(z_p - 1)$ n'a pour lors aucune variation de signe. Or, cette forme des facteurs du second degré a toujours lieu dans la transformée, à l'exception d'un seul cas, savoir, celui où l'équation en $(x-p)$ a une ou plusieurs couples de racines imaginaires de la forme $+f \pm \sqrt{-\varphi}$, ensorte que f et φ étant l'un et l'autre moindres que l'unité, on ait $\varphi < f(1-f)$, et par conséquent $\varphi < \frac{1}{4}$.

En effet lorsque

$$x-p = f \pm \sqrt{-\varphi},\ z_p = \frac{1}{f \pm \sqrt{-\varphi}} = \frac{f \mp \sqrt{-\varphi}}{f^2+\varphi},$$

et

$$z_p - 1 = \frac{f}{f^2+\varphi} - 1 \mp \frac{\sqrt{-\varphi}}{f^2+\varphi},$$

la partie réelle $\frac{f}{f^2+\varphi}$ — 1 ne peut être positive, à moins que le dénominateur $f^2+\varphi$ ne soit plus petit que f; ce qui n'a lieu qu'autant que f et φ sont des fractions, et qu'on a $\varphi<f-f^2$, ou $\varphi<f(1-f)$; d'où il suit que φ est alors moindre que $\frac{1}{4}$ ou 0,25; vu que $\frac{1}{4}$ est, comme on sait, le plus grand produit que puisse donner une fraction multipliée par son complément à l'unité.

Ce cas est le seul qui, introduisant dans la transformée en (z_p-1) des facteurs de la forme $(z_p-1)^2-P(z_p-1)+Q$, pourroit y donner lieu à des variations de signe, et laisser subsister la présomption de l'existence des racines entre zéro et un dans l'équation en $(x-p)$.

58. Ce cas d'exception s'évanouira nécessairement par l'effet des opérations ultérieures de notre Méthode, comme on va le voir dans le chapitre suivant. Mais il suit dès à présent, du numéro précédent, que la seconde partie de cette Méthode fait connoître avec certitude, tantôt l'absence de toute racine réelle dans l'équation en $(x-p)$ entre 0 et 1; tantôt l'alternative de l'existence de plusieurs racines entre zéro et 1, ou de celle d'une couple, au moins, de racines imaginaires, dont la partie réelle est une fraction proprement dite, tandis que la quantité précédée du signe — sous le signe radical, est moindre que $\frac{1}{4}$ ou 0,25, et même que le produit de la partie réelle par son complément à l'unité.

CHAPITRE VI.

Fin de l'exposition de la nouvelle Méthode. Troisième Partie.

59. LORSQU'ON sait avec certitude que la proposée a une ou plusieurs racines comprises entre p et $p+1$, il reste à trouver une valeur exacte de ces racines jusqu'au $n^{ième}$ chiffre décimal; et quand on a lieu seulement de présumer leur existence, il reste à opérer la vérification de ces racines douteuses. Un même procédé va remplir ce double objet; c'est-à-dire que la méthode d'approximation pour les racines déjà connues, sera en même temps une méthode de vérification et d'approximation pour celles qui ne sont que soupçonnées.

60. Soit qu'on ait la certitude que l'équation en $(x-p)$ a quelque racine comprise entre 0 et 1, soit qu'on se trouve seulement autorisé à le soupçonner, on fait $10(x-p)=x'$. Autant $x-p$ a de valeurs entre zéro et un, autant x' en doit avoir entre zéro et dix. Il faut donc, au moyen des transformées en $(x'-1)$, $(x'-2)$, etc., jusqu'à celles en $(x'-10)$ tout au plus, chercher les racines que l'équation en x' a ou peut avoir entre 0 et 10.

On se comporte dans cette recherche comme dans celle des racines de l'équation en x; et l'on parvient de cette manière, soit à trouver la première décimale des racines dont la partie exprimée en nombre entier p est déjà connue; soit à reconnoître et à vérifier, à moins d'un dixième près, l'existence des racines comprises entre p et $(p+1)$, qui jusques-là étoit douteuse, et qui cesse de l'être, parceque ces mêmes racines ne se trouvent point comprises ensemble entre $\left(p+\frac{p'}{10}\right)$ et $\left(p+\frac{p'+1}{10}\right)$, les différences de ces racines entr'elles pouvant d'ailleurs être indéfiniment moindres que $\frac{1}{10}$; soit encore à détruire la présomption occasionnée par des racines imaginaires $f\pm\sqrt{-\varphi}$, dans le cas où le *criterium* ou moyen d'exclusion mentionné dans la seconde Partie [53], s'est trouvé en défaut [57].

61. On parvient, disons-nous, à détruire ce soupçon à l'aide des équations en $(x'-p')$ et en $(z'_{,}-1)$, toutes les fois au moins que le centuple de la fraction φ est égal ou supérieur à $\frac{1}{4}$; ou, ce qui revient au même, toutes les fois qu'on n'a pas $\varphi<\frac{1}{400}$, ou bien $\varphi<0{,}0025$.

Pour s'assurer de ceci, il ne faut que faire attention à l'équation $10(x-p)=x'$. Lorsqu'une valeur imaginaire de $(x-p)$ est $f\pm\sqrt{-\varphi}$, la valeur correspondante de x', est $10f\pm\sqrt{-100\varphi}$, et celle de $(x'-p')$ est...... $(10f-p')\pm\sqrt{-100\varphi}$, ou bien $f'\pm\sqrt{-100\varphi}$, si l'on fait $10f-p'=f'$. On raisonnera donc pour l'équation en $(z'_{,}-1)$, comme on a fait ci-dessus pour celle en $(z_{,}-1)$ [58].

62. Ce qui précède va s'éclaircir par l'exemple suivant.

Soit à résoudre l'équation....

$$X^3 - 51X^2 + 761X - 2655 - 0\,;$$

ou bien, X étant égalé à $10x$, soit proposée cette autre équation....

$$x^3 - 5{,}1x^2 + 7{,}61x - 2{,}655 = 0.$$

L'équation n'ayant point de permanence de signe, n'a point de racine réelle négative.

Coefficiens des équations....

en x..........$1 - 5{,}1 + 7{,}61 - 2{,}655$. . . en $(z-1)$...$2{,}655 + 0{,}355 - 2{,}155 - 0{,}855$
en $(x-1)$...$1 - 2{,}1 + 0{,}41 + 0{,}855$. . . en (z_1-1)...$0{,}855 + 2{,}975 + 1{,}285 + 0{,}165$
en $(x-2)$...$1 + 0{,}9 - 0{,}79 + 0{,}165$. . . en (z_2-1)...$0{,}165 - 0{,}235 - 0{,}185 + 1{,}275$
en $(x-3)$...$1 + 3{,}9 + 4{,}01 + 1{,}275$.

Donc zéro est admis comme racine approchée, à moins d'une unité près; le nombre 1 est exclus; le nombre 2 est à vérifier.

Pour l'approximation de la racine admise, soit $10x = x'$, $\frac{1}{x'} = z'$, etc.

Coefficiens des équations....

en x'.........$1 - 51 + 761 - 2655$
en $(x'-1)$....$1 - 48 + 662 - 1944$
en $(x'-2)$....$1 - 45 + 569 - 1329$
en $(x'-3)$....$1 - 42 + 482 - 804$
en $(x'-4)$....$1 - 39 + 401 - 363$
en $(x'-5)$....$1 - 36 + 326 + 0$.

Donc $x' = 5$; d'où $x = 0{,}5$.

N. B. On voit que les équations collatérales en $(z'-1)$, (z'_1-1), etc. sont inutiles dans cette circonstance, parceque la transformée en $(z-1)$ n'ayant qu'une variation de signe, il s'ensuit que x' ne peut avoir qu'une seule valeur entre 0 et 10, x n'en pouvant avoir qu'une entre zéro et un [53].

Pour la vérification des racines douteuses, soit.....
$10(x-2)=\overset{1}{x}'$, $\frac{1}{\overset{1}{x}'}=\overset{1}{z}'$, etc.

Coefficiens des équations....

en x'.........1 + 9 − 79 + 165.....en $(\overset{1}{z}'-1)$....165 + 416 + 346 + 96
en $(\overset{1}{x}'-1)$....1 + 12 − 58 + 96.....en $(\overset{1}{z}'_1-1)$.... 96 + 230 + 184 + 51
en $(\overset{1}{x}'-2)$....1 + 15 − 31 + 51.....en $(\overset{1}{z}'_2-1)$.... 51 + 122 + 106 + 36
en $(\overset{1}{x}'-3)$....1 + 18 + 2 + 36.

Donc $\overset{1}{x}'$ n'a pas de valeur réelle positive; donc 2 est exclus, et l'équation est résolue.

63. *Autre exemple*.... $x^5-3x^4-3x^3+7x^2+8x+2=0$.

Coefficiens des équations....

en x.........1 − 3 − 3 + 7 + 8 + 2...en $(z-1)$... 2 + 18 + 59 + 86 + 54 + 12
en $(x-1)$...1 + 2 − 5 − 10 + 6 + 12...en (z_1-1)...12 + 66 + 134 + 121 + 46 + 6
en $(x-2)$...1 + 7 + 13 − 3 − 16 + 6...en (z_2-1)... 6 + 14 − 7 − 32 − 10 + 1
en $(x-3)$...1 + 12 + 51 + 88 + 50 + 8.

Coefficiens des équations....

en $x=-x$...1 + 3 − 3 − 7 + 8 − 2...en $(z-1)$...2 + 2 − 5 − 4 + 2 + 0
en $(x-1)$....1 + 8 + 19 + 12 + 2 + 0.

Donc une des valeurs de x est -1, et les transformées collatérales ne permettent de soupçonner d'autres racines réelles qu'entre 2 et 3 et entre 0 et -1.

Pour la vérification des racines douteuses positives, soit $10(x-2)=x'$, ou $x=2+\frac{x'}{10}$. On obtient l'équation en x' par une addition convenable de zéros dans les coefficiens de l'équation en $(x-2)$.

Coefficiens des équations....

$$
\begin{array}{ll}
\text{en } x' \ldots\ldots\ldots & 1+\ 70+1300-\ 3000-161000+670000 \\
\text{en } (x'-1)\ldots & 1+\ 75+1590+\ 1330-161815+438371 \\
\text{en } (x'-2)\ldots & 1+\ 80+1900+\ 6560-154080+279552 \\
\text{en } (x'-3)\ldots & 1+\ 85+2230+12750-134935+134013 \\
\text{en } (x'-4)\ldots & 1+\ 90+2580+19960-102400+\ 14145 \\
\text{en } (x'-5)\ldots & 1+\ 95+2950+28250-\ 54375-\ 65625 \\
\text{en } (x'-6)\ldots & 1+100+3340+37680+\ 11360-\ 88704 \\
\text{en } (x'-7)\ldots & 1+105+3750+48310+\ 97145-\ 36223 \\
\text{en } (x'-8)\ldots & 1+110+4180+60200+205440+113088.
\end{array}
$$

Donc x' a deux valeurs, l'une entre 4 et 5, l'autre entre 7 et 8; et parconséquent les racines positives de x sont, à moins d'un dixième près, 2,4 et 2,7.

N. B. L'équation en $(z_{,}-1)$ ou $\left(\frac{1}{x-2}-1\right)$ n'ayant que deux variations de signe, ne peut avoir que deux racines positives [53], et parconséquent $(x-2)$ ne peut avoir plus de deux valeurs entre 0 et 1, ni x' plus de deux valeurs entre 0 et 10 : les transformées successives faisant ici connaître ces deux valeurs, il est inutile de calculer les collatérales.

Pour la vérification des racines négatives qui peuvent être comprises entre 0 et 1, on fera $10\,x = x'$, et par les transformées successives en $(x'-1)$, $(x'-2)$, etc., on trouvera deux valeurs pour x', comprises respectivement entre 4 et 5, et entre 7 et 8. D'où il suit que les racines négatives de x sont $-0{,}4$ et $-0{,}7$, à moins d'un dixième près.

64. Les équations en $(x'-p')$ et en $(z'_{,}-1)$ peuvent n'être pas suffisantes pour déterminer l'admission ou le rejet de la totalité des racines douteuses. Alors on a recours aux équations en $(x''-p'')$ et en $(z''_{,}-1)$, qu'on obtient

en faisant 10 $(x'-p')=x''$, $\frac{1}{x''-p''}=z''_{p''}$, et en procédant comme on a fait ci-dessus pour les équations en $(x'-p')$ et en $(z'_{p'}-1)$.

Par ce moyen on approche, jusqu'à la seconde décimale inclusivement, des racines dont l'existence est déjà reconnue, en même tems que l'on découvre les racines réelles jusques-là douteuses, qui étant comprises entre $\left(p+\frac{p'}{10}\right)$ et $\left(p+\frac{p'+1}{10}\right)$, n'ont point pour communes limites $\left(p+\frac{p'}{10}+\frac{p''}{100}\right)$ et $\left(p+\frac{p'}{10}+\frac{p''+1}{100}\right)$, les différences de ces racines entr'elles pouvant d'ailleurs être indéfiniment moindres que $\frac{1}{100}$.

On détruit aussi, par ce même moyen, le soupçon qui auroit été maintenu dans l'équation en $(x'-p')$ par les imaginaires [61], toutes les fois, pour le moins, que 10000 φ est égal ou supérieur à $\frac{1}{4}$; ou, ce qui revient au même, toutes les fois qu'on n'a point $\varphi<\frac{1}{40000}$, ou bien $\varphi<0{,}000025$. Les raisonnemens sont ici les mêmes qu'aux numéros 58 et 61 (1).

65. S'il reste encore à vérifier des racines présumées, ou si l'on veut pousser l'exactitude des racines découvertes jusqu'à la troisième décimale inclusivement, on voit comment la vérification et l'approximation se continueront par les équations en $(x'''-p''')$ et en $(z'''_{p''}-1)$ qu'on obtient en faisant 10 $(x''-p'')=x'''$, et $\frac{1}{x''-p''}=z'''_{p''}$.

66. En procédant de la sorte, au moyen des équations en $(x^{iv}-p^{iv})$, en $(x^{v}-p^{v})$, etc. etc., s'il y a lieu, on finit

(1) La valeur de φ étant *finie*, si petite qu'elle soit, ne pourra maintenir, *à l'infini*, le cas d'exception pour toute collatérale en $(z^{(n)}_{p^{(n)}}-1)$.

par déterminer qu'elles sont, parmi les racines présumées de l'équation proposée en x, celles qui doivent être admises et celles que l'on doit exclure (1). Généralement, on n'est dans le cas de recourir à l'équation en $(x^{(n)}-p^{(n)})$, qu'autant qu'il faut avoir des racines exactes jusqu'à la décimale $n^{ième}$ inclusivement, ou que la proposée a des racines imaginaires dont la partie réelle n'est pas un nombre entier, et dont la partie précédée du signe — sous le signe radical, est moindre que $\frac{1}{4 \cdot 10^{2(n-1)}}$; encore, dans la seconde circonstance, ce recours n'est-il pas toujours nécessaire.

Nous sommes donc arrivés, par notre Méthode, au but que nous nous sommes proposé, qui est de trouver exactement, jusqu'à telle décimale qu'on voudra, les seules valeurs réelles qui appartiennent à l'inconnue d'une équation numérique d'un degré quelconque; et nous y sommes parvenus par le seul emploi des deux premières règles de l'Arithmétique.

---

(1) Dans tous les cas de même nature que celui du N°. 62, une alternative semblable à celle indiquée ci-dessus [58] amènera nécessairement, tôt ou tard, l'éclaircissement du doute; ou parce qu'il y aura une collatérale en $(z^{(n)}_{p^{(n)}}-1)$ qui, ne pouvant offrir que des permanences de signe (vu que $10^{2n}\varphi$ n'est pas $< \frac{1}{4}$), attestera l'absence des racines réelles entre p et $p+1$; ou parce que, dans des transformées successives en $(x^{(n)}-p^{(n)})$ et $(x^{(n)}-p^{(n)}-1)$, les derniers termes se trouvant de signes contraires (vu que la plus petite différence entre les racines est $> \frac{1}{10^n}$) révèleront la présence des racines réelles entre p et $p+1$. Faute d'avoir compris la force de cette alternative, quelques personnes ont cru que notre Méthode ne faisoit que reculer la difficulté.

NOTES.

Sur le CHAPITRE Ier.

(A) Nous avons dit, au sujet du procédé que M. Lagrange a proposé pour corriger la méthode des substitutions successives, qu'il pouvoit donner lieu, en certains cas, à des milliers, et même à un nombre indéfiniment plus grand, d'opérations superflues. Soit, par exemple, une équation du quatrième degré ayant une de ses racines entre o et 1; une autre racine entre 1 et 2; une troisième égale à 4, moins un demi-millionième; et, pour dernière racine, 4, plus un demi-millionième (on prend ici, pour plus grande commodité, une fraction rationnelle). Dans ce cas, la limite de la plus petite différence des racines sera moindre qu'un millionième. Donc si l'on fait $D < \frac{1}{1000000}$ dans la progression arithmétique o, D, 2D, 3D, etc., le nombre des termes à substituer devra s'élever à plus de quatre millions; tandis que cette même équation peut se résoudre par la seule substitution des nombres o, 1, 2, 3, 4 et 5. Cette extrême multiplicité de substitutions est donc un *luxe* infiniment onéreux; et l'on auroit, généralement, plus tôt fait d'employer successivement, pour les substitutions, au lieu de la série o, D, 2D, 3D, etc., la série des unités simples; puis, en cas d'insuffisance, celle des dixièmes; puis encore celle des centièmes, et ainsi de suite.

Ce parti seroit préférable, lors même qu'on seroit tenu, en l'adoptant, d'opérer la substitution des nombres de chaque série compris entre chaque terme de la série précédente et le terme suivant, c'est-à-dire, de substituer les dixièmes compris entre 0 et 1, entre 1 et 2, entre 3 et 4, et ainsi de suite sans exception, etc. A plus forte raison, ce mode de substitution doit-il être préféré lorsqu'on a trouvé le moyen de se dispenser de la plupart de ces intercalations ou substitutions intermédiaires, ainsi que cela se rencontre dans notre Méthode.

Par le même motif, dans une équation dont la plus grande racine paroîtroit susceptible de renfermer dans sa valeur des dixaines, ou des centaines, etc., on devroit employer, pour les premières substitutions, la série des dixaines, ou celle des centaines, etc. Les termes de chacune des progressions arithmétiques qu'il conviendroit d'employer successivement, peuvent être représentés d'une manière générale par 0, 10^n, 2.10^n, 3.10^n, etc.; n étant un nombre entier positif, ou zéro, ou un nombre entier négatif. On doit commencer par la substitution des termes de la progression dont la différence 10^n est la puissance de 10 immédiatement inférieure à la limite de la plus grande racine positive. Si cette limite, par exemple, étoit comprise entre cent et mille, la différence de la première progression à employer seroit 10^2. La dernière progression à laquelle on puisse être dans le cas de recourir, est celle dont la différence est la puissance de 10 immédiatement inférieure à D; mais on pourra souvent, ainsi que nous l'avons fait observer, se trouver dispensé d'en venir à cette progression, et même à plusieurs de celles dont l'emploi doit précéder le sien. L'exemple allégué au commencement de cette note en est une preuve sensible. Quoique les puissances de tout autre nombre que 10 pûssent être prises pour les différences respectives de ces progressions, ce dernier nombre doit, en général, être adopté de préférence, à cause de la facilité des calculs, qui résulte de ce qu'il est la base du système de numération usité.

Si les quatre premières racines d'une équation proposée, du sixième degré, étoient des imaginaires dont la partie réelle fût un nombre entier positif moindre que 3, les deux dernières racines restant les mêmes que ci-dessus, c'est-à-dire, $4 - \frac{1}{2000000}$ et $4 + \frac{1}{2000000}$; alors trois millions, et plus, de substitutions à opérer, seroient rigoureusement nécessaires pour la résolution de l'équation, selon la méthode de M. Lagrange; et cette dure nécessité est encore un inconvénient extrêmement grave. Pour résoudre une semblable équation, à moins d'une unité près, suivant la nouvelle méthode, il ne faut que quelques minutes.

(B) En parlant du fameux théorème de Descartes, l'illustre Auteur du Traité de la Résolution des Equations numériques y rappelle que les Anglois attribuent cette règle à leur compatriote Harriot. Il est vrai que Descartes, de son vivant même, fut accusé, par les Anglois, de cette espèce de plagiat, comme ils ont formé depuis une semblable imputation contre Leibnitz. Mais en rappelant cette accusation surannée, qui n'a point empêché que le théorême dont il s'agit n'ait été constamment appelé *la Règle de Descartes*, il est juste aussi d'observer qu'elle a été détruite par plusieurs Auteurs du dix-septième siècle. Le P. Prestet, dans ses Elémens imprimés en 1689, provoque, à ce sujet, la comparaison des écrits d'Harriot avec ceux de Descartes. « Lorsque M. Wallis, dit-il, un peu trop » jaloux de la gloire que la France s'est acquise dans les » Mathématiques, vient renouveler cette accusation ridicule, » on est en droit de ne le point croire, puisqu'il parle sans » preuves. M. Hudde, hollandois, qui n'est point suspect, puis- » qu'il n'avoit aucun intérêt à soutenir l'honneur des auteurs » françois, est bien plus équitable dans le jugement qu'il porte » de M. Descartes ».

Sur le CHAPITRE II.

(C) Pour s'assurer de la 1re proposition [page 13], il suffit de former le tableau des sommes premières, secondes, etc., de la suite proposée....

1er terme,	2e t.,	3e t.,	4e t...
a_0..	a_1..	a_2..	a_3..etc.

Suite sommatoire 1[ière].

a_0..	$+a_0$	a_0..	a_0..etc.
	a_1..	$+a_1$	$+a_1$
		$+a_2$	$+a_2$
			$+a_3$

Suite sommatoire 2ième.

a_0..	$2a_0$..	$3a_0$..	$4a_0$..etc.
	$+\ a_1$	$+2a_1$	$+3a_1$
		$+\ a_2$	$+2a_2$
			$+\ a_3$

Suite sommatoire 3ième.

a_0..	$3a_0$..	$6a_0$..	$10a_0$..etc.
	$+\ a_1$	$+3a_1$	$+\ 6a_1$
		$+\ a_2$	$+\ 3a_2$
			$+\ a_3$

Et ainsi de suite.............

Suite sommatoire m[ième].

a_0	ma_1	$\frac{m.m+1}{1.2}a_0$	$\frac{m.m+1.m+2}{1.2.3}a_0$..etc.
	$+\ a_0$	$+\ m.a_1$	$+\ \frac{m.m+1}{1.2}a_1$
		$+\ a_2$	$+\ m.\ a_2$
			$+\ a_3$

Par où l'on voit clairement que le terme $n^{ième}$ de la sommatoire $m^{ième}$ de la suite proposée, autrement, la somme $m^{ième}$ des n premiers termes de cette dernière suite, est la somme des produits respectifs de ceux-ci, pris à rebours, et multipliés par les n premiers nombres figurés de l'ordre m, lesquels sont représentés par....

$$1..\frac{m}{1}..\frac{m.m+1}{1.2}.....\frac{m.....(m+n-2)}{1.........(n-1)}.$$

(D) Qu'on fasse ensuite dans le polynome $a_0x^m + \ldots + a_mx^0$, $x=1+y$, d'où $y=x-1$; on reconnoîtra facilement dans le polynome en y ou $(x-1)$, 1° que le coefficient de y^0 est la somme première des $m+1$ coefficiens du polynome proposé; 2° que le coefficient de y^1 est la somme seconde des m premiers coefficiens de ce même polynome; et ainsi de suite, jusqu'au coefficient de y^{m-1}, qui est la somme $m^{ième}$ des deux premiers coefficiens de ce polynome. Quant au coefficient de y^m, on voit qu'il est égal à celui de x^m.

C'est de cette manière (qui nous a paru la plus simple) que nous avons prouvé la légitimité de notre Algorithme, dans un Mémoire présenté à l'Institut en 1803, quoique nous y soyons, d'abord, autrement parvenu.

(E) L'Algorithme du second chapitre, en perdant un peu de sa simplicité, peut s'étendre au calcul de la transformée en $x\left(x-\frac{n}{d}\right)$, d n'étant plus seulement une puissance entière de 10, mais un nombre entier quelconque. Il faut, pour cela, faire $x=\frac{x'}{d}$, et, pour avoir les coefficiens de l'équation en x', multiplier respectivement ceux de l'équation en x, à compter de celui de x^m, par d^0, d^1, d^2,... d^m. Ensuite, par de simples additions et soustractions, on se procure [n°s 22, 24, 25] la transformée en $x'-n$, dont les coefficiens, à compter de celui de la plus haute puissance, respectivement divisés par d^0, d^1, d^2,... d^m, deviennent ceux de l'équation en $\left(x-\frac{n}{d}\right)$. Par ce procédé, le nombre des multiplications et divisions est diminué, autant qu'il se peut.

On trouvera ci-dessous un autre Algorithme, dont celui du 2e chap. n'est qu'un cas particulier. (*Voyez l'*APPENDICE, *art.* 4ième).

Sur le CHAPITRE III.

(F) On a vu [n° 35] comment on peut déterminer une limite, en moins, de la plus petite valeur positive, et une limite, en plus, de la plus grande valeur que puisse avoir l'inconnue d'une équation. Mais il est une remarque qui n'a pas encore été faite, c'est qu'on peut déterminer deux limites semblables pour les racines réelles qu'une équation peut avoir entre zéro et un; et voici comment.

Pour obtenir une limite moindre que la plus petite racine, on use du même procédé qu'au n° 35; c'est-à-dire, on prend le quotient du dernier terme divisé par la somme de ce même terme et du plus grand coefficient précédé d'un signe contraire : ce quotient donne nécessairement une fraction pour limite de la plus petite racine positive.

La limite de la plus grande racine qui puisse être comprise entre zéro et un, se découvre à l'aide de la transformée en $(x-1)$, après qu'on a changé les signes de ses coefficiens de rang pair : le plus grand coefficient de cette équation, ainsi modifiée, de signe contraire à celui de son dernier terme, étant divisé par la somme de ce coefficient et du dernier terme, le quotient est une fraction dont la valeur surpasse celle de la plus grande racine que la proposée en x puisse avoir entre o et 1. Cette fraction est le complément, à l'unité, de celle qui exprime la limite de la racine la plus voisine de zéro, que l'équation en $(x-1)$ puisse avoir entre o et -1. Avec un peu de réflexion, on apperçoit aisément la raison de ceci.

On jugera, par la suite de ces Notes, de quelle importance peut être cette remarque.

Sur le CHAPITRE IV.

(G) PARMI les cas susceptibles d'être résolus par la première partie de la nouvelle Méthode, on a compté celui où la proposée n'a ni racines imaginaires, ni plusieurs racines réelles comprises entre deux nombres entiers p et $p+1$. Il peut néanmoins se présenter alors une difficulté, provenant de la présence des racines commensurables dans l'équation : en voici un exemple avec le moyen d'y obvier. Soit l'équation...

$$x^3+x^2-3x+1=0;$$

on a les coefficiens des équations....

en x..............$1+1-3+1$
en $(x-1)$.........$1+4+2+0$.

Dans cette circonstance où la proposée a l'unité pour racine ; il se pourroit qu'il y eût une autre racine entre zéro et un, dont l'existence ne seroit point manifestée par le dernier terme. Si cette racine existe en effet, on s'en assurera en prenant la somme des trois premiers termes de la proposée $1+1-3$, laquelle somme égalant -1, est de signe contraire au troisième terme $+2$, de la transformée en $(x-1)$, et par conséquent, atteste l'existence d'une racine entre 0 et 1.

La raison de ceci est que, dans ce cas, l'équation du deuxième degré qui résulte de la division de la proposée par $x-1$, a pour ses coefficiens respectifs les sommes-premières des coefficiens de la proposée, à commencer du premier jusqu'au troisième. Ces sommes étant 1, 2, -1, l'équation du second degré est....

$$x^2+2x-1=0,$$

dont la transformée en $(x-1)$ est....

$$(x-1)^2+4(x-1)+2=0.$$

Cette opération seroit inutile, si l'on savait d'avance que la proposée n'a point de racines imaginaires, la simple comparaison des signes de cette équation avec ceux de sa transformée étant alors suffisante pour manifester l'existence de la racine entre et 1.

Quoique l'exemple employé dans cette note, soit celui d'une équation en x du troisième degré, dont la transformée en $(x-1)$ n'a que son dernier terme égal à zéro, le procédé est général. La proposée étant du degré m, et sa transformée en $(x-1)$ ayant ses n derniers termes égaux, chacun, à zéro, il faut alors prendre la somme des $m+1-n$ premiers coefficiens de l'équation proposée; cette somme est la valeur du dernier terme de l'équation en x du degré $(m-n)$, qui est le même degré auquel la transformée en $(x-1)$ se trouve abaissée par l'égalité à zéro de ses n derniers termes.

(H) Nous n'aurions peut-être pas dû faire mention, au n° 48, de l'objection opposée à la nouvelle Méthode; mais nous savons que cette objection a été faite dans les propres termes que nous avons rapportés; et dès lors il a bien fallu en montrer la frivolité. Quelles sont d'ailleurs ces Méthodes ordinaires qu'on puisse dire *plus expéditives*, et en même temps *aussi sûres*, *aussi générales* que la nôtre?

Sur le CHAPITRE V.

(I) OUTRE le *criterium* que nous avons fait connoître [n° 53], il en existe plusieurs autres qui, sans avoir tous les avantages du premier, peuvent souvent en tenir lieu. Un second *criterium* consiste dans ce corollaire aussi important par son utilité que facile à déduire de la remarque que nous avons consignée dans la note (F) :

Une équation n'a point de racine entre zéro et un, lorsque la limite, en moins, de sa plus petite racine, est égale ou supérieure à la limite, en plus, de la plus grande racine qu'elle puisse avoir entre o *et* 1.

Soit, pour exemple, la même équation du n° 53....

$$x^3 - 4x^2 + 3x - 6 = 0.$$

Coefficiens des équations....

en x..........$1 - 4 + 3 - 6$

en $(x - 1)$.....$1 - 1 - 2 - 6$.

Ici la plus petite valeur que x puisse avoir entre o et 1, doit être supérieure à $\frac{6}{9}$ ou $\frac{2}{3}$; et la plus grande doit être au-dessous de $\frac{2}{8}$ ou $\frac{1}{4}$; la contradiction qui se rencontre entre ces deux conditions fait voir l'impossibilité qu'il y ait des valeurs positives de x au-dessous de l'unité.

(K) A l'aide du *criterium* que nous avons indiqué dans la note précédente, on peut souvent résoudre une équation numérique, sans avoir besoin de recourir aux transformées collatérales.

Prenons pour exemple la même équation....

$$x^3 - 4x^2 + 3x - 6 = 0.$$

Coefficiens des équations....

en x	1	-4	$+3$	-6
en $(x-1)$....	1	-1	-2	-6
en $(x-2)$....	1	$+2$	-1	-8
en $(x-3)$....	1	$+5$	$+6$	-6
en $(x-4)$....	1	$+8$	$+19$	$+6$.

On a déjà vu que x ne peut avoir de valeur entre 0 et 1.

La plus petite racine de l'équation en $(x-1)$ doit surpasser $\frac{6}{7}$, et la plus grande racine positive, inférieure à 1, que cette équation puisse avoir, doit être au-dessous de $\frac{2}{10}$ ou $\frac{1}{5}$. La contradiction est évidente. Donc l'équation en $(x-1)$ n'a point de racine positive entre 0 et 1 ; et par conséquent, celle en x n'en a point entre 1 et 2.

De même, les fractions qu'on voudroit admettre comme racines de l'équation en $(x-2)$, devroient être en même temps au-dessus de $\frac{8}{10}$ ou $\frac{4}{5}$, et au-dessous de $\frac{5}{11}$, conditions incompatibles. Donc l'équation en $(x-2)$ n'a pas de racine entre 0 et 1 ; et par conséquent celle en x n'en a point entre 2 et 3.

L'équation en $(x-3)$ n'a qu'une racine positive qui est manifestée entre 0 et 1 ; par conséquent x a une valeur positive entre 3 et 4. Et la proposée n'a pas d'autre racine réelle, vu que n'ayant point de permanence de signe, elle n'a point de racine négative, et que l'absence des variations de signe dans la transformée en $(x-4)$ établit le nombre 4 pour limite de la plus grande racine positive de la proposée.

(L) Un troisième *criterium* s'offre encore à nous : *Une équation n'a point de racine entre zéro et un, lorsque la suite formée par les sommes-premières de ses coefficiens pris à rebours, ne présente point de variation de signe.* Cette proposition est une conséquence de notre Algorithme [n° 20] ; car il est évident que l'absence des variations de signe dans cette suite, entraîne cette même absence dans la transformée collatérale.

Ainsi dans la même équation qui vient de nous servir d'exemple, les coefficiens pris à rebours étant....

$$-6+3-4+1,$$

les sommes-premières sont... $-6-3-7-6$;

d'où il suit que l'équation en x n'a point de racine entre o et 1.

Ce *criterium* s'applique pareillement aux deux transformées de cette équation en $(x-1)$ et en $(x-2)$. L'opération qu'il exige peut souvent se faire mentalement, et même d'un coup-d'œil, comme cela se trouve dans le cas pris pour exemple; ce qui rend ce *criterium* très-commode.

(M) Il est encore d'autres circonstances où l'on peut se dispenser de calculer les transformées collatérales.

Lorsque les transformées successives en $(x-1)$, $(x-2)$, etc. ont fait découvrir autant de racines positives que la proposée a de variations de signe, on voit que les collatérales en $(z-1)$, (z_1-1), (z_2-1), etc. deviennent inutiles. C'est donc surabondamment que ces dernières ont été employées au n° 54, dans la recherche des racines positives de l'équation........ $x^3-2x-5=0$; et au n° 55, dans celle des racines négatives de l'équation $x^4-5x^3+5x^2+6x-12=0$.

Dans la première équation de ce même n° 55, la seule règle de Descartes rendoit inutiles toutes les transformées collatérales, à l'exception de celle en (z_2-1). Il suffit, pour s'en convaincre, de jeter les yeux sur les signes des coefficiens de cette équation et de ses transformées successives. On en peut dire autant par rapport à l'équation en x du n° 62, et à ses transformées successives. En général, il ne faut point perdre de vue cette règle de Descartes, dont les applications se présentent fréquemment dans la nouvelle Méthode.

Lorsqu'on est parvenu à découvrir $m - 2$ racines réelles d'une équation du degré m, on ne peut supposer que les deux restantes aient des valeurs réelles comprises entre deux nombres entiers p et $p+1$, si l'équation en $(x-p-1)$ n'a pas au moins deux permanences de signe de plus que celle en $(x-p)$. Ainsi dans l'équation du n° 46, $x^3 - 7x + 7 = 0$, lors même qu'on ignoreroit que toutes ses racines sont réelles, la seule vue des transformées successives apprendroit qu'il ne faut chercher les deux racines positives de la proposée qu'entre 1 et 2.

(N) Le *criterium* qui est indiqué au n° 53, et que l'on doit considérer comme le plus important, peut être généralisé ainsi : *une équation en* x *ne peut avoir plus de racines comprises entre zéro et* u, *qu'il n'y a de variations de signe dans l'équation en* $\left(z - \frac{1}{u}\right)$; u *représentant une valeur positive quelconque, et* z *égalant* $\frac{1}{x}$.

Sur quoi, il faut observer qu'en faisant $z' = uz$, on a les mêmes variations de signe dans l'équation en $(z'-1)$ ou $\left(\frac{u}{x} - 1\right)$ que dans celle en $\left(z - \frac{1}{u}\right)$ ou $\left(\frac{1}{x} - \frac{1}{u}\right)$; ensorte qu'il suffit, sous ce rapport, d'obtenir la première.

Ainsi la proposée en x n'aura point de racine entre zéro et u, lorsque la transformée en $(z'-1)$ ou $\left(\frac{u}{x} - 1\right)$ n'aura que des permanences de signe.

Cette uniformité des signes de la transformée aura constamment lieu, lorsqu'il n'y a aucune valeur de x entre 0 et u, si ce n'est quand la proposée a une ou plusieurs couples de racines imaginaires de la forme $f \pm \sqrt{-\varphi}$, f ayant une valeur positive moindre que celle de u, et φ étant moindre que $f(u-f)$, et par conséquent moindre que $\frac{u^2}{4}$. Ce cas d'exception est le seul qui puisse produire quelque variation de signe dans la transformée en ($z' - 1$); encore n'en est-ce pas un effet nécessaire.

Dans ce cas, si $u = 1$, f est une fraction, et φ est $< \frac{1}{4}$.

Si $u = 10$, f est entre 0 et 10, et φ est $< \frac{10^2}{4}$ ou 25.

Si $u = 100$, f est entre 0 et 100, et φ est $< \frac{100^2}{4}$ ou 2500.

Et généralement, si $u = 10^n$, f est entre 0 et 10^n, et φ est $< \frac{10^{2n}}{4}$ ou $25 . 10^{2(n-1)}$. Ceci a également lieu lorsque l'exposant n est négatif.

Ces résultats se lient avec ceux des n°s 57, 61, 64; et ce *criterium*, ainsi généralisé, se démontre d'une manière analogue à celle du n° 57 : z' ou $\frac{u}{x}$ est ici $\frac{u}{f \pm \sqrt{-\varphi}}$ ou $\frac{uf \mp \sqrt{-u^2\varphi}}{f^2 + \varphi}$; ainsi la partie réelle de $z' - 1$ est $\frac{f(u-f) - \varphi}{f^2 + \varphi}$; quantité qui ne peut être > 0 qu'autant que le nombre f est positif et plus petit que u, et que φ est $< f(u - f)$.

(O) Appliquons ceci à l'équation....

$$x^4 - 12x^3 + 58x^2 - 132x + 121 = 0.$$

Cette équation est la même qui a été résolue au n° 55, à l'aide de ses transformées successives en ($x - 1$), etc., et des transformées collatérales en ($z - 1$), ($z_1 - 1$), etc. Il est aisé de reconnoitre [55] que ses racines positives, si elle en a, sont moindres que 3.

Les coefficiens de l'équation inverse en z ou $\frac{1}{x}$ étant...

$$121 - 132 + 58 - 12 + 1;$$

ceux de l'équation en $z' = 3z$ sont...

$$121 - 3.132 + 3^2.58 - 3^3.12 + 3^4;$$

ou bien $\quad 121 - \quad 396 + \quad 522 - \quad 324 + 81.$

Les coefficiens de l'équation en $(z'-1)$, calculés par l'Algorithme, sont.....

$$121+88+60+16+4.$$

Donc la proposée n'a point de racine positive moindre que 3; et comme elle n'en peut avoir qui soit égale ou supérieure à ce nombre, et que l'absence des permanences en exclut toute racine négative, il s'ensuit que l'équation en x n'a point de racines réelles.

L'application de ce *criterium* n'a pas le même résultat dans l'équation suivante....

$$x^3-2,1x^2+0,41x+0,855=0,$$

équation dont la plus grande racine positive, s'il y en a, est <4.

Les coefficiens de l'équation en $z'=4z=\frac{4}{x}$, sont....

$$0,855+4\times 0,41-16\times 2,1+64,$$

ou bien.... $0,855+\ 1,64\ -\ 33,6\ +64.$

Ceux de l'équation en $(z'-1)$ sont....

$$0,855+4,205-27,755+32,895.$$

Donc la proposée en x a, soit une couple de racines positives, soit une couple de racines imaginaires dont la partie réelle est entre 0 et 4, et dont la partie précédée du signe $-$ sous le signe $\surd$ est $<\frac{4^2}{4}$ ou <4.

Si l'on fait attention que les coefficiens de cette proposée sont les mêmes que ceux de la transformée en $(x-1)$ du n° 62, on appercevra aisément que c'est un cas d'exception semblable à celui que présente l'équation en x résolue dans ce numéro.

(P) Le problême de la résolution des équations numériques étant réduit par la nouvelle méthode à la recherche des racines d'une équation comprises entre zéro et un, il est avantageux de multiplier les moyens de reconnoître l'absence de toute racine réelle entre ces deux limites : en voici donc un quatrième.

On prendra la somme des coefficiens de signe contraire à celui du dernier terme; si elle n'est pas plus grande que ce terme, on en conclura évidemment que l'équation n'a pour racine aucune valeur entre o et 1.

Ce moyen si simple, appliqué successivement aux diverses transformées, suffit quelquefois à la résolution d'une équation. Reprenons l'exemple déjà employé....

$$x^3 - 4^2 + 3x - 6 = 0$$

Coefficiens des équations....

en x.......... $1 - 4 + 3 - 6$
en $(x - 1)$... $1 - 1 - 2 - 6$
en $(x - 2)$... $1 + 2 - 1 - 8$
en $(x - 3)$... $1 + 5 + 6 - 6$
en $(x - 4)$... $1 + 8 + 19 + 6$

Au premier coup-d'œil jeté sur les coefficiens, on reconnoît à l'aide de ce quatrième *criterium*, que la proposée n'a point de racine réelle entre o et 3; et par la règle de Descartes, on voit que la proposée n'a qu'une racine réelle, comprise entre 3 et 4. Cette seule règle, d'ailleurs, suffisoit pour indiquer l'absence de toute racine réelle entre 1 et 3.

(Q) Si l'essai du moyen précédent n'a pas suffi, on peut aussi prendre la limite, en plus, des valeurs positives que l'équation peut avoir pour racines entre o et 1, en la manière indiquée par la note (F), substituer cette limite à la place de l'inconnue dans les termes de signe contraire à celui du dernier terme, et prendre la somme des termes où la substitution a été faite. Pour que l'inconnue puisse avoir quelque valeur entre o et 1, il faut évidemment que cette somme surpasse la valeur du dernier terme. Ce moyen est d'une application assez facile, quand la limite dont il s'agit est une fraction dont les deux termes n'ont, chacun, qu'un seul chiffre; et il est souvent aisé de s'en procurer une semblable.

(R) Si l'on fait $-(x-1)=\xi$, et par conséquent $-x=\xi-1$, après le changement des signes des termes de rang pair dans les équations en $(x-1)$ et en x, on aura deux équations en ξ et $(\xi-1)$, auxquelles on pourra appliquer les mêmes moyens indiqués dans les notes précédentes, pour manifester l'absence des racines réelles entre zéro et un dans l'équation en ξ, et par conséquent dans celle en x.

(S) Ces divers moyens tendant à diminuer beaucoup le nombre des opérations, ne doivent pas être négligés dans l'usage de la nouvelle Méthode. Néanmoins il pourra paroître convenable de ne point embarrasser les commençans par trop de détails, et de les exercer d'abord à résoudre les équations par les seuls procédés indiqués dans le corps de l'Ouvrage.

(T) Un *criterium* d'une plus grande importance est celui qui résulte de la seconde proposition du n° 59, une fois admise en principe général pour une équation quelconque. Alors le *criterium* du n° 53, par lequel nous avons suppléé à celui-ci, en devient l'*auxiliaire*, et l'on n'est plus obligé d'y recourir aussi souvent.

Sur le CHAPITRE VI.

(U) D'APRÈS les équations.....

$$10(x-p)=x', \; 10(x'-p')=x'', \ldots . 10(x^{(n-1)}-p^{(n-1)})=x^{(n)},$$

on reconnoît aisément que

$$x^{(n)}-p^{(n)}=10^n\left(x-p-\frac{p'}{10}-\frac{p''}{100}-\ldots\ldots-\frac{p^{(n)}}{10^n}\right).$$

Il est donc facile de passer, respectivement, des équations en $(x'-p')$, $(x''-p'')$, $(x'''-p''')$, etc. aux équations en $\left(x-p-\frac{p}{10}\right)$, $\left(x-p-\frac{p'}{10}-\frac{p''}{100}\right)$, $\left(x-p-\frac{p'}{10}-\frac{p''}{100}-\frac{p'''}{1000}\right)$, etc.

Généralement, les coefficiens de l'équation en $(x^{(n)}-p^{(n)})$ du degré m, divisés respectivement, à compter de celui de la plus haute puissance, par $(10^n)^0$, $(10^n)^1, \ldots (10^n)^m$, deviennent les coefficiens de l'équation en $\left(x-p-\frac{p'}{10}-\ldots\ldots-\frac{p^{(n)}}{10^n}\right)$.

Ainsi le terme tout connu de cette dernière équation est égal au terme tout connu de celle en $(x^{(n)}-p^{(n)})$, divisé par 10^{nm}. Par conséquent, le dernier terme d'une transformée en $(x^{(n)}-p^{(n)})$, divisé par 10^{nm}, est égal au résultat que donne le nombre $\left(p+\frac{p'}{10}+\ldots+\frac{p^n}{10^n}\right)$ substitué à x dans l'équation proposée.

(a) Il résulte de ce qui précède que les transformées en $(x-p)$, $(x'-p')$, etc., sans autre opération ultérieure de calcul que le placement convenable de la virgule indicative des décimales, donnent arithmétiquement les valeurs de l'ordonnée y, correspondant aux valeurs entières et décimales de l'abscisse x, dans la courbe qui a pour équation....

$$A_0 x^m + A_1 x^{m-1} + \ldots . A_{m-1} x^1 + A_m x^0 = y.$$

On ne s'arrêtera point ici à montrer comment la considération de ces valeurs numériques de y peuvent contribuer à la résolution d'une équation numérique.

(b) Une autre conséquence est que les coefficiens de l'équation en $(x^{(n)} - 10)$, respectivement divisés par $10^0, 10^1, 10^2, \ldots 10^m$, deviennent ceux de l'équation en $(x^{(n-1)} - p^{(n-1)} - 1)$; c'est-à-dire, l'équation en $(x' - 10)$, ainsi modifiée, devient celle en $(x - p - 1)$; l'équation en $(x'' - 10)$ devient pareillement celle en $(x' - p' - 1)$, et ainsi de suite. Cela se prouve généralement par l'équation $10(x^{(n-1)} - p^{(n-1)}) = x^{(n)}$; d'où...... $x^{(n)} - 10 = 10(x^{(n-1)} - p^{(n-1)} - 1)$.

Or cette conséquence mérite quelque attention, en ce qu'elle fournit au calculateur un *contrôle*, ou, comme on s'exprime en Arithmétique, une *preuve* de la justesse des calculs relatifs aux transformées successives. Et par cette raison, lorsqu'on attache quelque importance à éviter les erreurs, et que les mêmes opérations ne se font point concurremment par deux calculateurs qui se servent mutuellement de contrôle, il convient de continuer les transformations jusqu'à celle en $(x^{(n)} - 10)$, quoique, sans ce motif, on fût souvent dans le cas de s'arrêter plus tôt.

Prenons pour exemple l'équation du cinquième degré du n° 63. On a pour les coefficiens de ses transformées....

en $(x-2)$....$1 + 7 + 13 - 3 - 16 + 6$.
en $(x-3)$....$1 + 12 + 51 + 88 + 50 + 8$.

On s'est trouvé dans le cas de faire $10(x-2) = x'$, et de calculer les équations en $(x'-1)$, $(x'-2)$, etc., jusqu'à celle en $(x'-8)$; mais pour s'assurer qu'il n'y a point d'erreur de calcul dans ces transformations, il faut les continuer jusqu'à l'équation en $(x'-10)$.

Coefficiens des transformées.....

en $(x'-8)$.... $1+110+4180+60200+205440+113088$
en $(x'-9)$.... $1+115+4630+73410+338825+383019$
en $(x'-10)$.... $1+120+5100+88000+500000+800000$.

Les coefficiens de la transformée en $(x'-10)$ respectivement divisés par 10^0, 10^1, 10^2, ... 10^5, deviennent

$$1+12+51+88+50+8;$$

ils se réduisent, comme cela devoit être, à ceux de la transformée en $(x-3)$.

(V). On a vu, dans le Chapitre VI, comment une même méthode nous sert à approcher davantage d'une racine déjà manifestée, à moins d'une unité près entière ou décimale, et à opérer simultanément la vérification et l'approximation des racines qui restent encore à déterminer. Cette unité de méthode a été prescrite par la nature même de la chose, dans le dernier cas; et il a paru convenable de la conserver dans le premier, autant pour ne pas déroger à la simplicité des moyens, que pour ne point multiplier les méthodes sans nécessité, et pour conserver dans tous les calculs l'espèce de *preuve* ou de *contrôle* mentionné dans la note précédente.

Voici néanmoins un nouveau procédé d'approximation que nous proposons pour le premier cas, c'est-à-dire pour celui où, à l'aide de deux transformées successives en $(\xi-\pi)$ et $(\xi-\pi-1)$, et en cas de besoin, de la collatérale en $(\zeta_\pi-1)$, on a reconnu l'existence d'une seule racine comprise entre o et 1, pour l'équation en $(\xi-\pi)$, et par conséquent d'une seule comprise entre π et $\pi+1$, pour l'équation en ξ.

(a) Soit $\xi=\pi+\xi_1$, ou $\xi-\pi=\xi_1$; soient respectivement π_1 et Π_1 les limites, en moins et en plus, de la valeur de ξ_1 comprise entre o et 1, déterminées conformément à ce qui a été dit plus haut [note (F)]. On peut prendre, ou π_1, ou Π_1 pour deuxième valeur approchée de ξ_1, les premières étant zéro et un ; et par conséquent $\pi + \pi_1$, ou $\pi + \Pi_1$, pour deuxième valeur approchée de ξ.

Supposons d'abord qu'on veuille approcher de la racine par des valeurs de plus en plus convergentes, qui soient toujours inférieures à la valeur exacte.

On fera $\xi_1 = \pi_1 + \xi_2$, ou $\xi_1 - \pi_1 = \xi_2$; on passera de l'équation en ξ_1 à celle en ξ_2 [*voyez* la note (E)], et l'on déterminera la limite, en moins, de la valeur de ξ_2 comprise entre 0 et 1. Cette limite étant représentée par π_2, la troisième valeur approchée de ξ sera $\pi + \pi_1 + \pi_2$.

On se procurera ainsi successivement les équations en ξ_3, ξ_4, ... ξ_v; et l'on aura $\pi + \pi_1 + \pi_2 + \ldots + \pi_v$ pour la $(v+1)^{ième}$ valeur approchée de ξ.

Supposons maintenant qu'on veuille approcher de la racine par des valeurs de plus en plus convergentes, mais toujours supérieures à la valeur exacte de ξ.

On passera de l'équation en ξ_1 à celle en $(\xi_1 - \Pi_1)$; puis faisant $\xi_1 = \Pi_1 - \Xi$, ou $\Xi = -(\xi_1 - \Pi_1)$, on obtiendra l'équation en Ξ, en changeant les signes des termes de rang pair dans l'équation en $(\xi_1 - \Pi_1)$. Il ne restera plus qu'à obtenir des valeurs de plus en plus convergentes, mais toujours inférieures à Ξ; de sorte que la valeur de plus en plus approchée de $(\Pi_1 - \Xi)$ ou ξ_1, et par conséquent celle de ξ ou $\pi + \xi_1$, demeureront toujours plus grandes que la valeur exacte. Ces approximations vers la valeur de Ξ se feront de la même manière que dans la première supposition.

(b) Prenons pour exemple cette équation que nous avons déjà résolue [54], à moins d'une unité près....

$$x^3 - 2x - 5 = 0.$$

On a trouvé pour les coefficiens de ses transformées....

en $(x-2)$....$1+6+10-1$
en $(x-3)$....$1+9+25+16$.

Il résulte de ces transformées que l'équation en $(x-2)$ a une racine comprise entre 0 et 1, dont les premières valeurs approchées, l'une en moins, l'autre en plus, sont, respectivement, 0 et 1. Mais, en outre, ces deux transformées fournissent immédiatement les secondes valeurs approchées de cette racine, qui sont $\frac{1}{1+10}$ ou $\frac{1}{11}$ pour la valeur en moins, et $\frac{25}{25+16}$ ou $\frac{25}{41}$ pour la valeur en plus. [*Voyez* la note (F).]

On voit donc, en se bornant aux valeurs approchées en moins, que les deux premières sont, pour la proposée....

2 et $2+\frac{1}{11}$, ou $\frac{23}{11}$; ou bien 2,090909909....

On reconnoîtra ci-après que cette dernière valeur est exacte dans ses deux premières décimales.

Il faut maintenant, en faisant $x-2=\xi_1$, passer de l'équation en ξ_1 à celle en ξ_2 ou $\left(\xi_1-\frac{1}{11}\right)$. On peut employer à cet effet l'Algorithme modifié [note (E)], de la manière suivante.

Soit $11\xi_1=\xi'_1$: on a pour les coefficiens des équations....

en ξ'_1.........$1+6.11+10.11^2-1.11^3$
ou............$1+66\quad+1210\quad-1331$
en (ξ'_1-1)....$1+69\quad+1345\quad-54$.

Substituant à ξ'_1-1 sa valeur $11\xi_1-1$, ou $11\left(\xi_1-\frac{1}{11}\right)$, et faisant $\xi_1-\frac{1}{11}=\xi_2$, on a pour les coefficiens de l'équation....

en ξ_2....$11^3\quad+69.11^2+1345.11-54$.
ou......$1331+8349\quad+14795\quad-54$.

La limite, en moins, de ξ_2 est $\frac{54}{54+14795}$ ou $\frac{54}{14849}=\frac{1}{274+\frac{53}{54}}$; limite à laquelle on peut substituer, pour plus de simplicité, $\frac{1}{275}=\frac{1}{11.25}=0{,}0036363636.....$

Ainsi la troisième valeur approchée de x est...

$$2+\frac{1}{11}+\frac{1}{11.25},\text{ ou }\frac{576}{275};\text{ ou bien }2{,}0945454545....$$

Nous ferons voir que cette valeur est exacte jusqu'à la quatrième décimale inclusivement.

On passe ensuite, de la même manière, de l'équation en ξ_2 à celle en ξ_3 ou $\left(\xi_2-\frac{1}{11.25}\right)$. Faisant $11.25\xi_2=\xi'_2$, et substituant dans l'équation en ξ_2, on a pour les coefficiens des équations...

en ξ'_2............ $1+69.25+1345.25^2-54.25^3$

ou.............. $1+1725\quad+840625\quad-843750$

en (ξ'_2-1)..... $1+1728\quad+844078\quad-1399.$

Substituant à ξ'_2-1 sa valeur $11.25\xi_2-1$, ou $11.25\left(\xi_2-\frac{1}{11.25}\right)$, et faisant $\xi_2-\frac{1}{11.25}=\xi_3$, on a pour les coefficiens de l'équation.....

en ξ_3.... $11^3.25^3+1728.11^2.25^2+844078.11.25-1399,$

ou....... $20796875+13763750\quad+232121450\quad-1399.$

La limite, en moins, de ξ_3 est....

$$\frac{1399}{1399+232121450},\text{ ou }\frac{1399}{232122849};\text{ on bien }\frac{1}{165920\ \frac{769}{1399}}.$$

Mais on peut, pour simplifier, lui substituer.....

$$\frac{1}{165925}=\frac{1}{25.6637}.$$

Ainsi la quatrième valeur de x, approchée en moins, est....

$$2+\frac{1}{11}+\frac{1}{275}+\frac{1}{165925},$$

ou.........2,0945454545...+0,0000060268 19...,

ou bien.....2,09455148 1364....,

et cette dernière valeur est exacte jusqu'à la neuvième décimale inclusivement, comme on le verra plus bas.

(c) Les valeurs approchées de cette même racine, calculées par Newton, suivant le procédé qui lui appartient, sont....

2....2,1....2,0946....2,09455147....

M. Lagrange a aussi calculé, suivant son procédé, les valeurs approchées de cette racine, en fractions continues, alternativement plus petites et plus grandes que x. Les résultats sont....

$$\frac{2}{1},\ \frac{21}{10},\ \frac{23}{11},\ \frac{44}{21},\ \frac{111}{53},\ \frac{155}{74},\ \frac{576}{275},\ \frac{731}{349},\ \frac{1307}{624},\ \frac{16415}{7837},\ \text{etc.}$$

La dixième de ces valeurs, $\frac{16415}{7837}$, qui est approchée en plus, étant réduite en décimales, devient 2,0945514865.

Les valeurs approchées en moins, trouvées suivant le nouveau procédé que nous indiquons dans cette note, étant....

$$2\ldots 2+\frac{1}{11}\text{ ou }\frac{23}{11}\ldots 2+\frac{1}{11}+\frac{1}{275}\text{ ou }\frac{576}{275}\ldots 2+\frac{1}{11}+\frac{1}{275}+\frac{1}{165925},$$

ou bien 2,09090909.....2,09454545.......2,09455148 1364...,

on voit que ce procédé a donné des résultats un peu plus exacts que celui de Newton, et qu'il les a donnés plus promptement qu'on ne les obtient par le procédé de M. Lagrange.

En outre, ce procédé est général et sûr, et la méthode de Newton n'a pas ces avantages. « En général, l'usage de cette » méthode n'est sûr, dit M. Lagrange, que lorsque la valeur » approchée est à la fois ou plus grande ou plus petite que

» chacune des racines réelles de l'équation, et que chacune des » parties réelles des racines imaginaires; et par conséquent, cette » méthode ne peut être employée sans scrupule que pour trouver » la plus grande ou la plus petite racine d'une équation qui » n'a que des racines réelles ou qui en a d'imaginaires, mais » dont les parties réelles sont moindres que la plus grande » racine réelle, ou plus grande que la plus petite de ces » racines..... en regardant, comme on le doit, les quan- » tités négatives comme plus petites que les positives, et les » plus grandes négatives comme plus petites que les moins » grandes. (*De la Résolution des Equations numériques*, » *page* 141.) »

Si l'on emploie, au lieu du procédé de Newton, la méthode d'approximation tirée des séries récurrentes, on trouve, pour les valeurs approchées de x, dans l'équation $x^3 - 2x - 5 = 0$....

2,089....2,09467....2,094549....2,0945515...etc.

On ne pourroit, ainsi que l'a prouvé M. Lagrange, employer généralement cette méthode d'approximation pour chacune des racines réelles d'une équation quelconque, qu'autant que l'on connoîtroit d'avance une valeur approchée de cette racine, telle que la différence entre cette valeur et la vraie valeur de la racine fût moindre en quantité, c'est-à-dire, abstraction faite des signes, que la différence entre la même valeur et chacune des autres racines, et en même temps moindre que la racine quarrée de chacun des produits des racines imaginaires correspondantes, s'il y en a, diminuées de la même valeur. Autrement, cette méthode ne sert qu'à trouver la plus grande et la plus petite des racines réelles; encore faut-il que le quarré de la plus grande ou de la plus petite racine cherchée soit en même temps plus petit que chacun des produits réels des racines imaginaires correspondantes, et qu'on ait quelque moyen de s'en assurer. [*De la Résolution* etc., pag. 147, 151].

(d) Nous avons indiqué plus haut comment on pourroit se procurer une suite de valeurs approchées de l'inconnue, convergentes en plus. Mais pour éviter des calculs inutiles, on peut, au moyen de quelques opérations ajoutées à celles qui ont donné les équations en ξ_1, ξ_2, ξ_3, ... ξ_ν, obtenir une limite, en plus, de ξ_ν, et par conséquent de toutes les valeurs approchées de ξ, depuis la première jusqu'à la $\nu^{ième}$. Nous prendrons d'abord un exemple particulier, et nous traiterons ensuite ce sujet d'une manière générale.

Dans l'exemple qui nous a servi, on a trouvé $\frac{1}{165925}$ ou $\frac{1}{25.6637}$, pour la valeur de π_3, c'est-à-dire, de la limite, en moins, de ξ_3. Faisant donc $\xi_3 = \frac{1}{25.6637}\xi'_3$, et calculant les équations en ξ'_3, $(\xi'_3 - 1)$, $(\xi'_3 - 2)$, on trouve pour les coefficiens des équations....

en $(\xi'_3 - 1)$...1331+1387721049+408998623104907−12049759756
en $(\xi'_3 - 2)$...1331+1387723042+409001398548998+408987951067521.

Puis on fait $10^3(\xi'_3 - 1) = \xi''_3$; et l'on obtient les coefficiens des équations....

n ξ''_3.........1331+1387721049000+408998623104907000000−12049759756000000000
n$(\xi''_3 - 1)$...1331+1387721052990+408998625380349101993+393948864736626050331.

Donc la limite, en plus, de ξ''_3 est....

$$\frac{408998..............}{408998...............+396948...............} \text{ ou } \frac{408998..............}{805897..............}$$

On peut donc faire $\xi''_3 < \frac{409}{805}$; et par conséquent....

$$\xi'_3 < 1 + \frac{409}{805000}; \text{ et } \xi_3 < \frac{1}{165925} + \frac{409}{165925.805000}.$$

D'une autre part, on a $\xi_3 > \frac{1}{165925}$.

Donc, en se tenant à cette dernière valeur, l'erreur est moindre que $\frac{409}{165925.805000}$ ou 0,0000000030б2....

10

Bien plus, dans l'exemple qui nous occupe, il suffit de jeter les yeux sur les coefficiens de l'équation en ξ''_3 pour reconnoître qu'on a

$$\xi''_3 < \frac{1}{10}, \text{ et par conséquent } \xi'_3 < 1 + \frac{1}{10000};$$

$$\text{et...}\ \xi_3 < \frac{1}{165925} + \frac{1}{1659250000};$$

donc l'erreur est moindre que 0,00000000060268I9....

Il suffisoit même de l'équation en $(\xi'_3 - 1)$ pour s'assurer d'un tel résultat, puisqu'à la seule inspection des coefficiens de cette équation, on peut reconnoître que l'on a $\xi'_3 - 1 < \frac{1}{10000}$.

Cette même équation fait voir que $\xi'_3 - 1$ est plus grand que $\frac{1}{41000}$; donc on a

$$\xi'_3 > 1 + \frac{1}{41000}, \text{ et } \xi_3 > \frac{1}{165925} + \frac{1}{165925.41000},$$

ou $> 0{,}0000060268I9... + 0{,}0000000001469....$

ou bien $> 0{,}000006026\,96.....$

On a de l'autre part.....

$$\xi_3 < \frac{1}{165925} + \frac{1}{1659250000},$$

ou $< 0{,}0000060268I9.... + 0{,}0000000006026....$

ou bien $< 0{,}00000602742....$

Ici la différence des deux limites est 0,00000000046....

Donc, si l'on prend une des deux limites pour la valeur de ξ_3, l'erreur ne peut avoir lieu qu'à la dixième décimale.

Ainsi la valeur exacte de x, dans l'équation $x^3 - 2x - 5 = 0$, est entre

2,0945514813........et 2,0945514844.....

et même entre...

2,0945514815........et 2,0945514819.....

En prenant le premier de ces nombres, ou l'un des deux derniers, pour la valeur approchée de x, on est assuré que cette valeur est exacte jusqu'à la neuvième décimale, inclusivement, comme nous l'avons annoncé plus haut.

On est également assuré par ce moyen, que les deuxième et troisième valeurs approchées en moins, que nous avons trouvées ci-dessus pour x, sont, respectivement, exactes jusqu'à la seconde et à la quatrième décimale, inclusivement.

La dixième approximation, suivant le procédé de M. Lagrange, a bien donné la huitième décimale exacte, mais l'exactitude de cette décimale n'est pas assurée par le procédé même, vu qu'il indique pour limite de l'erreur, 0,0000000163...; d'où il résulte que la valeur de x est comprise entre....

$$2{,}0945514702\ldots\ldots \text{ et } 2{,}0945514865\ldots\ldots$$

et que l'exactitude de la valeur approchée n'est garantie que pour les sept premières décimales.

(e) Voici maintenant comment on peut procéder d'une manière générale.

Soient

$$\xi_{,}=X;\ \pi_{,}=\frac{1}{K};\ \text{et } KX=X'.$$

X n'ayant qu'une valeur entre 0 et 1, X' n'en a qu'une seule entre 0 et K.

On se procurera donc les deux transformées en $(X'-P')$ et $(X'-P'-1)$ dont les termes tout connus sont de signes contraires; P' étant $< K$.

Ces deux transformées fournissent déjà une double limite, en plus et moins, pour $(X'-P')$, et par conséquent pour X. Mais pour avoir des limites plus resserrées, on fera...... $10^{n}(X'-P')=X''$; et comme $(X'-P')$ n'a qu'une seule valeur entre 0 et 1, X'' n'en a qu'une seule entre 0 et 10^{n}.

On se procurera donc les deux transformées en $(X''-P'')$ et $(X''-P''-1)$ dont les termes tout connus sont de signes contraires; P'' étant $< 10^{n}$.

Ces deux transformées donneront une double limite, en plus et en moins, de $(X''-P'')$, et par conséquent, de X' et de X.

Soit la limite en moins $=\frac{1}{\mathrm{K}''}$; et la limite en plus $=\frac{1}{\mathit{K}''}$.

On aura $$\mathrm{X}''-\mathrm{P}''>\frac{1}{\mathrm{K}''},\ \text{et} < \frac{1}{\mathit{K}''};$$

d'où $$\mathrm{X}''>\mathrm{P}''+\frac{1}{\mathrm{K}''},\ \text{et} < \mathrm{P}''+\frac{1}{\mathit{K}''};$$

et $$\mathrm{X}'-\mathrm{P}'>\frac{\mathrm{P}''}{10^{\mathrm{N}}}+\frac{1}{10^{\mathrm{N}}\mathrm{K}''},\ \text{et} < \frac{\mathrm{P}''}{10^{\mathrm{N}}}+\frac{1}{10^{\mathrm{N}}\mathit{K}''};$$

d'où X′ ou KX $$>\mathrm{P}'+\frac{\mathrm{P}''}{10^{\mathrm{N}}}+\frac{1}{10^{\mathrm{N}}\mathrm{K}''},\ \text{et} < \mathrm{P}'+\frac{\mathrm{P}''}{10^{\mathrm{N}}}+\frac{1}{10^{\mathrm{N}}\mathit{K}''};$$

et enfin $$\mathrm{X}>\frac{\mathrm{P}'}{\mathrm{K}}+\frac{\mathrm{P}''}{10^{\mathrm{N}}\mathrm{K}}+\frac{1}{10^{\mathrm{N}}\mathrm{K}\mathrm{K}''}\ldots\ldots$$

et $$\mathrm{X}<\frac{\mathrm{P}'}{\mathrm{K}}+\frac{\mathrm{P}''}{10^{\mathrm{N}}\mathrm{K}}+\frac{1}{10^{\mathrm{N}}\mathrm{K}\mathit{K}''}.$$

Si l'on prend pour X une de ces deux limites, l'erreur sera moindre que leur différence, qui est $\frac{1}{10^{\mathrm{N}}\mathrm{K}}\left(\frac{\mathrm{K}''-\mathit{K}''}{\mathrm{K}''\mathit{K}''}\right)$.

Soit $\mathrm{N}'+1$ le nombre de chiffres que renferme le nombre entier K. Il est évident que l'erreur sera $<\frac{1}{10^{\mathrm{N}+\mathrm{N}'}}$; d'où il suit que si on veut obtenir, par ce procédé, une valeur approchée, exacte jusqu'à la $n^{\text{ième}}$ décimale au moins, il faut, pour en être généralement sûr, prendre $\mathrm{N}=n-\mathrm{N}'$.

C'est ainsi que dans l'exemple dont on s'est servi, K ou 165925 étant composé de six chiffres, d'où $\mathrm{N}'=5$, on a dû faire $\mathrm{N}=5$, si l'on a prétendu avoir une valeur exacte jusqu'à la huitième décimale.

Dans ce même exemple, P'' s'est trouvé $=0$, et $\mathrm{P}'=1$; ce qui a rendu le calcul très-expéditif. En pareil cas, si l'on s'en tient à $\frac{1}{\mathrm{K}}$ pour la valeur de X approchée en moins, l'erreur est toujours moindre que $\frac{1}{10^{\mathrm{N}}\mathrm{K}\mathit{K}''}$; et par conséquent $<\frac{1}{10^{\mathrm{N}+\mathrm{N}'}}$.

(f) Ce procédé pourroit être étendu à la recherche de plusieurs racines comprises entre deux nombres entiers consécutifs, et l'on tireroit pour lors un assez bon parti du *criterium* que nous avons généralisé dans la note (N). Mais il nous paroît inutile d'entrer dans ces détails. Notre principal objet dans cet Ouvrage, a été de présenter, pour la résolution des équations numériques, une Méthode qui fût praticable, comme *mécaniquement;* la science du calcul pouvant, de même que les arts, avoir ses *manouvriers*, et en tirer, dans des travaux en grand, de notables avantages. Sous ce rapport, notre Méthode générale sera peut-être préférée au procédé particulier que nous donnons ici, surtout si l'on ne veut avoir des racines exactes que jusqu'à la seconde ou troisième décimale.

(g) L'évaluation des racines en fractions continues, suivant le procédé de M. Lagrange, est particulièrement recommandable, lorsqu'elle fait connoître les facteurs commensurables du second degré dans un polynome qu'on se propose de décomposer en facteurs de ce degré. Mais quand il ne s'agit que de la résolution, proprement dite, d'une équation numérique, ce procédé ne nous paroît pas préférable à l'approximation en nombres décimaux, soit pour la commodité des calculs, soit pour la rapidité de l'approximation. De plus, la méthode de M. Lagrange et la nôtre étant de telle nature qu'on y procède simultanément à la vérification et à l'approximation des racines, il semble que c'est surtout à ces deux Méthodes que l'évaluation des racines en fractions continues ne sauroit être généralement convenable. Par exemple, dans celle de l'illustre Géomètre, si le nombre D, ou la limite de la plus petite différence des racines, étoit un millième, il est évident que chaque racine seroit tout à la fois reconnue et appréciée, à moins d'un millième près. Or il paroît infiniment dur, lorsqu'on a obtenu par des milliers de substitutions, une valeur aussi approchée, d'être forcé de rétrograder jusqu'à la valeur du plus grand nombre entier contenu dans cette racine, pour chercher une nouvelle évaluation en fractions continues.

C'est par un semblable motif, joint à quelques autres, que nous n'avons pas cru devoir adapter ce procédé à notre

Méthode ; et ce motif semble plus décisif encore dans la Méthode de M. Lagrange, qui exige un bien plus grand nombre d'opérations pour la manifestation des premières limites des racines. En effet, lorsque D est, par exemple, un millième, on ne peut, suivant la méthode dont il s'agit, découvrir deux racines moindres que l'unité, telles que 0,920... et 0,921..., qu'au moyen de neuf cent vingt-deux substitutions, tandis que le nombre des transformées exigées pour le même objet dans la nouvelle Méthode, égale seulement 10 + 3 + 2, c'est-à-dire, 15. En un mot, s'il faut découvrir une racine ayant n décimales, la recherche de ces décimales n'exige au plus que $10.n$ transformations, tandis qu'elle peut exiger jusqu'à 10^n substitutions, suivant la progression 0, D, 2D, etc.

(h) La comparaison que nous venons de présenter, concernant le nombre des opérations, dans la nouvelle Méthode des transformées, et dans la Méthode des substitutions successives, telle qu'elle a été perfectionnée par M. Lagrange, a donné lieu à une observation qu'il est bon de rapporter ici, ne fût-ce que pour empêcher qu'elle ne soit désormais reproduite.

« Si la résolution des équations, a-t-on dit, exigeoit » l'emploi d'une pareille Méthode (*celle de M. Lagrange*), » assurément celle de l'Auteur, quoique très-longue, mériteroit » encore la préférence. Mais, pour l'ordinaire, on ne procède » pas ainsi. La Méthode de Newton, qui est la plus usitée, » suppose qu'on connoît, soit par la voie des substitutions, » soit par des constructions géométriques, une première valeur de x, qui approche au moins dix fois plus d'une racine » de l'équation que de toute autre racine ; et d'après cette » valeur, on en trouvera facilement une autre dont l'erreur » n'est qu'environ le quarré de la première, savoir $\frac{1}{100}$, si la » première valeur est $\frac{1}{10}$. Une seconde opération qu'on peut » faire par la même formule, réduit l'erreur du centième à

» son quarré, qui est d'environ $\frac{1}{10000}$, et ainsi de suite. D'où » l'on voit que l'approximation continuelle est beaucoup plus » rapide par cette méthode, que par celle que propose l'Auteur. » [Il s'agit de celle que nous avons exposée au chapitre VI.]

Une pareille observation donne à penser que son auteur n'a pas bien saisi le sens de la question. Le procédé de M. Newton, ainsi que nous l'avons dit plus haut, avec M. Lagrange, n'est point une méthode de résolution proprement dite; et n'étant même considéré que comme procédé approximatif, il n'est pas *généralement* sûr. Soit, par exemple, une équation en x, ayant une racine entre p et $(p+1)$, et soit fait $x=p+y$. Il peut arriver que les deux derniers termes de la transformée en y ou $(x-p)$ soient l'un et l'autre négatifs; pour lors la valeur de y, déduite de ces deux termes, selon le procédé dont il s'agit, seroit négative, et par conséquent ne fourniroit point approximativement celle de $p+y$, que l'on devroit trouver entre p et $p+1$.

(X) La détermination des racines imaginaires d'une équation appartient au problème de la décomposition d'un polynome en facteurs réels du second degré, plutôt qu'à celui de la résolution des équations numériques. Celui-ci ayant pour object principal de déterminer exactement, ou par approximation, quels sont les différens nombres réels qui, substitués à l'inconnu, satisfont à l'équation proposée. C'est ce qu'a reconnu M. Lagrange, lorsqu'il a donné le moyen de trouver une limite inférieure à la plus petite différence des racines, sans recourir à l'équation aux quarrés de leurs différences.

Cependant l'illustre Auteur a indiqué la manière de se servir de cette dernière équation, qui donne la valeur exacte ou approchée du nombre B précédé du signe — sous le radical dans les racines imaginaires, pour déterminer, au moins approximativement, la partie réelle de ces racines. Pour cela, on substitue $A+\sqrt{-B}$ à x dans la proposée, et on en tire deux équations en A, dont l'une a tous ses termes réels, et dont l'autre a tous ses termes multipliés par $\sqrt{-B}$, facteur commun que l'on fait disparoître. C'est ce qui rend les termes de la seconde équation tous réels, parce qu'ils ne dépendent alors, ainsi que ceux de la première, que du quarré de $\sqrt{-B}$; c'est-à-dire de $-B$. Ensuite, procédant à la recherche du plus grand commun diviseur de ces deux équations, on s'arrête au reste où A n'est plus qu'au degré n et au-dessous, n étant le nombre des valeurs égales que l'équation aux quarrés des différences aura fournies pour B. Ce reste étant égalé à zéro, on y substitue à B sa valeur exacte ou approchée, et cette équation étant ainsi devenue numérique, on en tire les valeurs de A.

Mais ce procédé n'est pas *généralement* sûr. En effet, la substitution d'une valeur approchée de B, lorsque le reste égalé à zéro est de plusieurs dimensions, ne donnant aux coefficiens de l'équation en A qu'une valeur approchée, l'effet de cette altération, fût-elle même très légère, pourroit aller jusqu'à changer la nature des racines de l'équation, en substituant des racines imaginaires à des racines réelles, *et vice versâ*. C'est ce qui auroit lieu par l'altération qui naîtroit du seul changement de β en $-\beta$ (β pouvant être un nombre aussi petit qu'on voudra), dans une équation ayant pour facteur $x^2 + 2\alpha x + \alpha^2 + \beta$.

(Y) L'observation que nous venons de faire, peut rendre également douteuse la résolution de deux équations à deux inconnues x et y, lorsqu'après l'élimination de x, on obtient pour y une valeur seulement approchée, dont la substitution ne peut produire que des coefficiens d'une valeur approchée pour l'équation en x. La même difficulté se rencontre dans la décomposition d'un polynome en facteurs du second degré.

(Z) On voit que nous nous sommes frayé une route bien différente de celle qui a été tracée par l'illustre auteur du *Traité de la Résolution des Equations numériques*. Est-ce un sujet de reproche?

Horace a dit, il est vrai,

.......Vos exemplaria græca, etc.

Mais il ajoute,

Nec minimum meruêre decus vestigia græca
Ausi deserere..........

APPENDICE

A LA NOUVELLE MÉTHODE

POUR LA RÉSOLUTION

DES ÉQUATIONS NUMÉRIQUES.

APPENDICE
A LA NOUVELLE MÉTHODE.

ARTICLE PREMIER. *Memoire contenant la démonstration de quelques Théorémes nouveaux, relatifs aux successions de signes, considérées dans les termes des suites et dans les coefficiens des équations.*

(**Lu à la séance de la première classe de l'Institut, le 26 août, 1811.**)

DANS la *nouvelle méthode pour la résolution des équations numériques*, dont j'ai eu l'honneur de faire hommage à la première classe de l'Institut en 1807, et qu'elle a daigné mentionner parmi les ouvrages qui, depuis 1789, ont contribué aux progrès de la science, j'ai avancé que « une équation complète quelconque en x, » ne peut avoir n racines comprises entre zéro et un nombre positif » quelconque p, si la posée n'a pas, au moins, n variations de signe » de plus que sa transformée en $(x-p)$. » Ce nouveau théoréme ayant été ainsi présenté sans démonstration, j'ai cru devoir m'abstenir d'en faire usage pour la résolution des équations numériques, et j'ai eu recours à d'autres moyens pour constater l'absence des racines réelles entre deux nombres consécutifs de la suite des nombres naturels; néanmoins, comme l'application de ce principe peut abréger singulièrement le travail de la résolution des équations numériques, en ce qu'elle donne immédiatement les seules valeurs entières parmi lesquelles on puisse chercher les plus grands nombres entiers respectivement contenus dans les diverses racines positives de l'équation proposée, et que le nombre de ces valeurs entières se trouve ainsi fort restreint, étant limité par le plus haut exposant de l'équation, il m'a paru qu'il pourroit être utile de présenter une démonstration du théorème que je m'étais contenté d'énoncer. Quel que soit d'ailleurs le peu d'importance qu'on veuille attacher à de pareilles recherches, j'espère que le nouveau théorême ne sera pas entièrement perdu pour la Science, et qu'il demeurera placé, dans ses Annales, à côté de cette règle de *Descartes*, attribuée à l'Anglois *Harriot* par ses compatriotes; ils ne se fussent point sans doute empressés de la revendiquer, s'ils n'avaient attaché quelque prix à sa découverte, quoique cette fameuse règle soit restée si longtems sans application, et qu'elle parût destinée à n'être comptée que parmi les vérités spéculatives qui composent une grande partie des Mathématiques. Ce nouveau théorême est l'objet principal de ce Mémoire.

On sait que dans une suite quelconque, le nombre des variations de signe que présentent ses termes est pair, si le premier et le dernier sont de même signe; et que ce nombre est impair, s'ils ont des signes différens.

Ceci posé, on démontre facilement la proposition suivante.

PREMIÈRE PROPOSITION — *Les* n *premiers termes d'une suite quelconque ne peuvent contenir moins de variations de signe que les* n *premiers termes de sa suite sommatoire d'un ordre quelconque.*

Il suffit de démontrer cette proposition pour une suite quelconque et sa suite sommatoire première, puisqu'une suite sommatoire d'un ordre quelconque m est la sommatoire première de la suite de l'ordre précédent $m-1$.

On va d'abord prouver que, si les $n-1$ premiers termes d'une suite quelconque, ne peuvent contenir moins de variations que les termes correspondans de sa suite sommatoire, il en sera de même pour les n premiers termes de ces suites.

En effet le nombre des variations dans les $n-1$ premiers termes de la suite sommée est, pour lors, ou supérieur, ou égal à celui des variations de signe que présente le même nombre de termes dans la suite sommatoire.

Dans le premier cas, il est évident que le terme $n^{ième}$ ajouté à chacune des deux suites pourrait, tout au plus, rendre le nombre des variations que présentent les n premiers termes de la suite sommatoire égal au nombre des variations que contiennent les termes correspondans de la suite sommée.

Dans le deuxième cas, le terme $n-1^{ième}$ a le même signe dans les deux suites, et le terme $n^{ième}$, produisant une nouvelle succession de signes, offrira nécessairement, ou une nouvelle permanence pour chaque suite, ou une variation de part et d'autre, ou bien enfin une variation dans la suite sommée, et une permanence dans la suite sommatoire; il est impossible que l'inverse ait lieu, c'est-à-dire que cette succession soit une permanence dans la suite sommée et une variation dans la suite sommatoire; (*car le terme* n^ième^ *de la suite sommatoire est la somme du terme qui le précède et du terme* n^ième^ *de la suite sommée, et ces deux-ci sont, par hypothèse, de même signe que le terme* n — 1ième *de cette dernière suite*).

On voit donc, dans le second cas comme dans le premier, que les n premiers termes d'une suite quelconque ne peuvent présenter moins de variations de signes que les termes correspondans de sa suite sommatoire, si la même proposition est vraie pour les $n-1$ premiers termes respectifs de ces deux suites.

Or il est clair que les deux premiers termes de la suite sommée ne peuvent présenter moins de variations que les deux premiers termes de la suite sommatoire, donc il en sera de même pour les trois premiers termes de chaque suite; et puisqu'il en sera de même pour ces trois premiers, la proposition sera encore vraie pour les quatre premiers, et ainsi de suite: *c. q. f. d.*

Cette première proposition conduit à une seconde que voici.

SECONDE PROPOSITION. — *Les* n *premiers coefficiens d'une équation complète quelconque en* x *ne peuvent contenir moins de variations de signe que les coefficiens correspondans de la transformée en* x — 1.

Pour démontrer cette proposition, je commencerai par rappeler l'*algorithme* qui donne, par de simples additions ou soustractions, les coefficiens de la transformée en ($x-1$), algorithme qui a reçu l'approbation de la classe, dans la séance du 23 mai 1803, et qu'elle a jugé susceptible d'être inséré dans les Elémens d'Algèbre. J'ai fait voir dans un Mémoire présenté à la classe à cette époque, qu'étant donnée une équation en x du degré a, le second coefficient de la transformée ou celui de $(x-1)^{m-1}$, est la somme $m^{ième}$ des deux premiers coefficiens de la proposée; que le troisième coefficient de la transformée, ou celui de $(x-1)^{m-2}$ est la somme $m-1^{ième}$ des trois premiers coefficiens de la proposée; que le quatrième coefficient de la transformée ou celui de $(x-1)^{m-3}$ est la somme $m-2^{ième}$ des quatre premiers coefficiens de l'équation en x, et ainsi de suite; de sorte que le coefficient $n^{ième}$ de la transformée ou celui de $(x-1)^{m-n+1}$ est la somme $(m-n+2)^{ième}$ des n premiers coefficiens de la proposée. Quant au premier coefficient de la transformée en ($x-1$), on sait qu'il est le même que le premier de l'équation en x.

Nous pouvons maintenant en venir à la démonstration de la seconde proposition: on voit d'abord que les deux premiers coefficiens de la transformée en ($x-1$) sont respectivement égaux aux deux 1ers termes de la suite sommatoire $m^{ième}$ des coefficiens de la proposée. Or en vertu de la première proposition ci-dessus démontrée, les deux premiers coefficiens de la proposée ne peuvent avoir moins de variations que les deux premiers termes de cette suite sommatoire $m^{ième}$; donc ils ne peuvent aussi en avoir moins que les deux premiers coefficiens de la transformée.

Nous ferons observer ici que si une suite de termes ne peut avoir moins de variations de signe qu'une autre suite d'un égal nombre de termes, le premier terme, dans l'une et dans l'autre, étant supposé de même signe, la proposition subsiste toujours quand un même terme est ajouté à chacune des deux suites; car, avant l'addition de ce même terme, la première avoit, ou plus de variations, ou autant que la seconde; si elle en avoit plus, elle doit, après cette addition en avoir encore au moins autant, et si, avant l'addition du nouveau terme, la première avait seulement autant de variations que la seconde: comme, dans ce cas, le dernier terme se trouve alors de même signe dans une suite que dans l'autre, il est évident que l'addition du nouveau terme introduira, ou une permanence dans chaque suite, ou une variation, de sorte que la première suite aura encore autant de variations que la seconde.

Considérant actuellement les trois premiers coefficiens de la transformée en $(x-1)$, nous remarquerons que le troisième de ces coefficiens est aussi le troisième terme de la suite sommatoire $(m-1)^{\text{ième}}$ des coefficiens de la proposée. Nous avons déjà vu que les deux premiers coefficiens de la transformée ne peuvent avoir plus de variations de signe que les deux premiers termes de la suite sommatoire $m^{\text{ième}}$, ni par conséquent en avoir plus que les deux premiers termes de la suite sommatoire $(m-1)^{\text{ième}}$ des coefficiens de la proposée; donc, en vertu de l'observation ci-dessus, les trois premiers termes de la suite sommatoire $(m-1)^{\text{ième}}$ ne peuvent avoir moins de variations que les trois premiers coefficiens de la transformée en $(x-1)$. Or les trois premiers coefficiens de la proposée en x ne peuvent avoir moins de variations de signe que les trois premiers termes de cette même suite sommatoire $(m-1)^{\text{ième}}$; donc ils ne peuvent aussi en avoir moins que les trois premiers coefficiens de la transformée.

Si l'on considère ensuite les quatre premiers coefficiens de la transformée en $(x-1)$, on remarquera d'abord que le quatrième coefficient est aussi le quatrième terme de la suite sommatoire $(m-2)^{\text{ième}}$ des coefficiens de la proposée, et que les trois premiers coefficiens de la transformée ne peuvent avoir plus de variations de signe que les trois premiers termes de cette même suite sommatoire $(m-2)^{\text{ième}}$;

d'où l'on conclura que les quatre premiers coefficiens de la transformée ne peuvent avoir plus de variations que les quatre premiers termes de la suite sommatoire $(m-2)^{\text{ième}}$, ni, par conséquent, en avoir plus que les quatre premiers coefficiens de la proposée.

Généralement, on voit que les $n-1$ premiers coefficiens de la transformée en $(x-1)$ ne peuvent avoir plus de variations que les $n-1$ pre-premiers termes de la suite sommatoire $(m-n+2)^{\text{ième}}$, ni par conséquent en avoir plus que les $n-1$ premiers termes de la suite sommatoire $(m-n+1)^{\text{ième}}$ des coefficiens de la proposée; les n premiers coefficiens de cette proposée, qui ne peuvent avoir moins de variations de signe que les n premiers termes de la suite sommatoire $(m-n+1)^{\text{ième}}$, ne peuvent donc avoir moins de variations que les n premiers coefficiens de la transformée; ainsi la proposition dont il s'agit, étant une fois reconnue vraie pour les $n-1$ premiers coefficiens respectifs des équations en x et en $(x-1)$, doit être également admise pour les n premiers coefficiens respectifs de ces deux équations, et par conséquent pour leurs premiers coefficiens respectifs en tel nombre qu'on voudra. *c. q. f. d.*

De la deuxième proposition qui vient d'être démontrée, nous passerons à cette troisième :

TROISIÈME PROPOSITION. — *Une équation en x ne peut avoir moins de variations de signe que la transformée en $(x-p)$; p étant un nombre positif quelconque.*

Car on peut faire $x=p\,\mathrm{x}$, et substituer cette valeur de x dans la proposée; il est évident que l'équation en x qui résultera de cette substitution, présentera exactement les mêmes successions de signe, que celle en x, puisque p est positif; et l'on a déjà prouvé qu'une équation en x ne peut avoir moins de variations que l'équation en $(\mathrm{x}-1)$. Soit maintenant substituée à x, dans l'équation en $(\mathrm{x}-1)$, sa valeur $\frac{x}{p}$; on aura $\mathrm{x}-1=\frac{1}{p}(x-p)$, d'où il suit que l'équation en $(\mathrm{x}-1)$ a exactement les mêmes successions de signe que celle en $(x-p)$, de même que l'équation en x a les mêmes successions de signes que celle en x, donc la proposée ne peut avoir moins de variations de signe que la transformée en $(x-p)$; *c. q. f. d.*

QUATRIÈME PROPOSITION. — *S'il existe une seule racine entre zéro et un nombre positif quelconque p, l'équation proposée en x doit avoir au moins une variation de plus que la transformée en $(x-p)$.*

En effet, on sait que, dans le cas dont il s'agit, le dernier coefficient de l'équation en $(x-p)$ aura un signe contraire à celui du dernier coefficient de l'équation proposée; et que par conséquent le nombre des variations de signe sera pair dans celle des deux dont le dernier coefficient sera de même signe que le premier, et que ce nombre sera impair dans l'autre équation; le nombre des variations ne peut donc, en cette circonstance, être égal de part et d'autre. Or il ne peut être moindre dans l'équation en x que dans celle en $(x-p)$; donc il doit être plus grand, et par conséquent, la proposée doit avoir au moins une variation de plus que sa transformée, *c. q. f. d.*

Nous voici maintenant arrivés au nouveau Théorême qui est l'objet principal de ce Mémoire.

CINQUIÈME PROPOSITION.—*Si une équation en x a* n *racines comprises entre zéro et un nombre positif quelconque p, la transformée en $(x-p)$ doit avoir au moins* n *variations de moins que la proposée.*

Supposons d'abord que l'équation n'a point de racines égales comprises entre zéro et p, et représentons les n racines, en suivant l'ordre de leur grandeur, par x_1, x_2, ... x_n; de manière que x_1 représente la plus grande de ces racines, et x_n la plus petite. On peut concevoir des nombres $p_1, p_2 \ldots p_{n-1}$, qui soient respectivement compris entre x_1 et x_2, x_2 et x_3, et ainsi de suite, de sorte que p_{n-1} soit $< x_{n-1}$ et $> x_n$. On peut, en outre, concevoir n transformées en $(x-p_1)$, $(x-p_2)$ etc. Or, il suit de la quatrième proposition qui a été démontrée plus haut, que l'équation en $(x-p)$ doit avoir au moins une variation de moins que celle en $(x-p_1)$; que celle-ci doit pareillement en avoir au moins une de moins que celle en $(x-p_2)$. et ainsi de suite, jusqu'à l'équation en $(x-p_{n-1})$ qui doit aussi avoir, au moins, une variation de signe de moins que la proposée en x; donc la transformée en $(x-p)$ doit avoir au moins n variations de moins que la proposée.

Supposons, en second lieu, que la proposée a des racines multiples r, r_1; etc. comprises entre zéro et p, on peut concevoir cette équation partagée en deux facteurs A et A'; ce dernier étant composé du produit des facteurs égaux $(x-r)^q$, $(x-r_1)^{q_1}$, etc.; d'où il suit que le polynome A' n'ayant que des racines positives, dont le nombre sera $q+q_1+$ etc., ne présentera que des variations de signe. Soient, respectivement, $A_1=o$, et $A'_1=o$, les transformées en $(x-p)$ des équations $A=o$, $A'=o$; l'équation $A'_1=o$ sera formée d'autant de facteurs égaux, qu'il y en a dans A' : elle sera le produit de facteurs tels que $(x+r')$, $(x+r_1')$, etc., d'où il suit que l'équation $A'_1=o$ n'aura que des racines négatives, en même nombre que les racines positives de l'équation $A'=o$, et que par conséquent elle ne présentera que des permanences de signe. Donc, *dans le produit* $A_1 A'_1$, *c'est-à-dire, dans la transformée en $(x-p)$ de la proposée, il ne peut (d'après le théoréme si connu de Segner) se trouver, tout au plus, qu'autant de variations de signe que dans* A_1; *comme, au contraire, si l'on désigne respectivement par n_1 et n_2 le nombre des racines positives comprises entre zéro et p dans les équations $A=o$, $A'=o$, il est évident que le produit A. A', c'est à dire, la proposée en x, doit contenir, au moins, n_2 variations de plus qu'il n'y en a dans* A. Mais d'après la première partie de la demonstration, A doit avoir, au moins, n_1 variations de plus que A_1, et par conséquent n_1 variations de plus que le produit A_1. A'_1, ou que la transformée en $(x-p)$ de l'équation en x. Donc cette transformée, ou le produit A_1. A'_1, doit contenir pour le moins n_1+n_2 variations de moins que la proposée en x ou le produit A. A' : ou bien, ce qui revient au même, la transformée doit avoir au moins n_1+n_2 permanences de plus que la proposée.

Donc enfin, soit que la proposée en x n'ait pas, ou qu'elle ait des racines égales comprises entre zéro et un nombre positif quelconque p, autant cette proposée a de racines comprises entre zéro et p, autant, pour le moins, elle doit avoir de variations de signe de plus que n'en contient sa transformée en $(x-p)$. *c. q. f. d.*

Il n'a été question jusqu'ici que de racines positives ; mais il est évident que le théorême s'étend aux racines négatives et qu'il suffit pour cela de changer dans l'énoncé de la cinquième proposition *plus* en *moins* et réciproquement. Ainsi la proposée ne peut contenir n racines comprises entre zéro et $-p$, qu'autant qu'elle a n variations de signe de moins que sa transformée en $(x+p)$.

En résumé, j'ai prouvé dans ce Mémoire :

1°. Que les n premiers termes d'une suite quelconque ne peuvent contenir moins de variations de signe que les termes correspondans de sa suite sommatoire d'un ordre quelconque ;

2°. Que les n premiers coefficiens d'une équation complète quelconque en x, ne peuvent contenir moins de variations de signe que les coefficiens correspondans de la transformée en $(x-1)$;

3°. Qu'il en est de même relativement à la transformée en $(x-p)$, p étant un nombre positif quelconque ;

4°. Que, s'il existe une seule racine entre zéro et un nombre positif p, l'équation en x doit avoir au moins une variation de plus que celle en $(x-p)$;

5°. Que si une équation en x a n racines comprises entre zéro et $\pm p$, la transformée en $(x \mp p)$ doit avoir, au moins, n variations, ou de moins, ou de plus, que la proposée en x, suivant que la limite p est précédée du signe $+$ ou du signe $-$.

ARTICLE II. — *Rapport sur le Mémoire précédent.*

La classe nous a chargés, M. de Lagrange et moi, de lui rendre compte etc.

Dans un ouvrage sur la résolution des équations numériques, publié en 1807, l'auteur avait annoncé, sans démonstration, qu'une équation en x ne peut avoir n racines comprises entre zéro et un nombre positif quelconque p, si cette équation n'a pas au moins n variations de signe de plus que sa transformée en $(x-p)$. Il se propose maintenant de démontrer cette proposition en toute rigueur, et c'est l'objet principal du Mémoire dont nous avons à rendre compte.

Pour parvenir à ce but, l'auteur rappelle d'abord un principe fort connu dans ce genre de recherches, savoir que dans une suite de termes quelconques, le nombre des variations de signe est pair, si le premier et le dernier terme sont de même signe, et impair, s'ils sont de signes différens.

Ce lemme étant posé, il établit successivement quatre propositions avant d'en venir à la cinquième qui est le Théorême déjà énoncé. Nous allons examiner dans le même ordre ces cinq propositions.

Proposition première. « Les n premiers termes d'une suite quel-
» conque, ne peuvent contenir moins de variations de signe, que
» les n premiers termes de sa suite sommatoire d'un ordre quel-
» conque ».

Pour bien saisir l'énoncé de cette proposition, il faut savoir ce que l'auteur entend par *suite sommatoire d'un ordre quelconque d'une suite donnée.*

La suite sommatoire première, ou du premier ordre, est celle dont un terme quelconque, ou le n.ème terme, est égal à la somme des n premiers termes de la suite donnée.

La suite sommatoire seconde, ou du second ordre, se déduit semblablement de la suite sommatoire première, et ainsi des autres jusqu'à la suite sommatoire d'un ordre quelconque.

L'auteur se borne d'abord à comparer entre elles, quant à la succession des signes, une suite proposée A et sa suite sommatoire première A' ; il suppose que la proposition soit vraie dans les $n-1$ premiers termes de ces suites, c'est-à-dire que le nombre des variations de signes n'est pas moindre dans les $n-1$ premiers termes de la suite A que dans un pareil nombre des premiers termes de la suite A', et il démontre que la même chose doit avoir lieu pour les n premiers termes de ces suites.

Nous avons remarqué que la démonstration de M. Budan manque de quelques développemens, mais il est facile d'y suppléer; et comme la proposition a lieu sans difficulté lorsque $n=2$, ou lorsqu'on considère les deux premiers termes des suites A et A', elle est donc vraie pour un nombre quelconque de termes de ces deux suites.

La proposition étant établie entre une suite donnée A et sa suite sommatoire première A', il s'ensuit qu'elle aura égalcment lieu entre la suite sommatoire première A', et la suite sommatoire seconde A'', et ainsi de suite. Par conséquent elle sera vraie aussi entre la suite donnée A et sa suite sommatoire d'un ordre quelconque $A^{(n)}$.

Proposition deuxième. « Les n premiers coefficiens d'une équa- » tion complète quelconque en x ne peuvent contenir moins de » variations de signe que les coefficiens correspondans de sa trans- » formée en $(x-1)$ ».

Pour ramener cette proposition à la précédente, l'auteur observe que les coefficiens de la transformée en $(x-1)$ peuvent être considérés comme des termes sommatoires de différens ordres de la suite des coefficiens de la proposée; le coefficient du premier terme est le même dans les deux suites; le coefficient du second terme de la transformée est la somme m^{eme} des deux premiers coefficiens de la proposée (m étant le degré de l'équation). Le coefficient du troisième terme de la transformée est la somme $(m-1)^{\text{eme}}$ des trois premiers coefficiens de la proposée, et ainsi de suite.

En partant de cette idée, l'auteur compare successivement les deux premiers coefficiens de la transformée aux deux premiers coefficiens de la proposée, les trois premiers de l'une aux trois premiers de l'autre, et ainsi de suite. Il trouve par l'application de la première proposition que les coefficiens de la transformée en ($x - 1$) jouissent par rapport aux coefficiens de l'équation proposée de la même propriété que la suite sommatoire d'un ordre quelconque de ces mêmes coefficiens; d'où il conclut que la transformée en ($x-1$) ne sauroit avoir plus de variations que l'équation proposée.

Au moyen de ces deux premières propositions, l'auteur démontre sans difficulté la troisième et la quatrième ainsi conçues:

Proposition troisième. « Une équation en x ne peut avoir moins » de variations de signe que sa transformée en ($x - p$), p étant un » nombre positif quelconque. »

Proposition quatrième. « S'il existe une seule racine comprise » entre zéro et un nombre positif quelconque p, l'équation propo- » sée en x doit avoir, au moins, une variation de plus que sa trans- » formée en ($x - p$). »

L'auteur vient enfin à la cinquième proposition qui peut s'énoncer ainsi :

Proposition cinquième. « Si une équation en x a n racines com- » prises entre zéro et un nombre positif quelconque p, cette équa- » tion aura au moins n variations de plus que sa transformée en » ($x - p$). »

Si les racines comprises entre zéro et p sont toutes inégales, la proposition cinquième est un corollaire très-simple de la proposition quatre; mais s'il y a des racines égales entre zéro et p, la démonstration que donne l'auteur n'est concluante qu'autant qu'on a recours à un théorême démontré par Segner dans les Mémoires de Berlin, en 1756; savoir que, si on multiplie un polynome en x par le binome $x - a$, le nombre des variations augmentera au moins d'un dans le produit.

Le théorême de Segner étant supposé, la démonstration de M. Budan est exacte. Mais l'auteur auroit dû en faire mention ou indiquer de quelle manière il y supplée.

Nous remarquerons que si l'on fait $p > x$, les coefficiens de la transformée en ($x - p$) deviendront tous positifs ; ainsi il résulte du théorême de M. Budan que le nombre des racines positives d'une équation ne peut être plus grand que celui de ses variations ; ce qui est la règle connue de Descartes.

On peut aussi observer que le théorême trouvé par M. Budan pour les racines positives en donne un semblable pour les racines négatives, puisqu'en mettant $-x$ à la place de x, dans une équation donnée, les variations se changent en permanences et réciproquement.

Il résulte de l'examen que nous venons de faire du Mémoire de M. Budan, que le théorême qui en est l'objet principal, est vrai, mais que sa démonstration manque de différens développemens sans lesquels elle ne peut être regardée comme entièrement rigoureuse. Nous pensons au reste que ce théorême est nouveau : et qu'il peut être utile dans la recherche des limites des racines. Car quoiqu'il soit insuffisant pour faire trouver directement les limites de chacune des racines réelles, parce qu'il s'ensuit seulement qu'*il peut y avoir*, mais non pas qu'il doive y avoir, autant de racines comprises entre zéro et un nombre positif p, que l'équation a de variations de plus que sa transformée en ($x - p$), ce théorême peut néanmoins servir à diriger les tâtonnemens, en faisant exclure, dans les substitution successives, les nombres entre lesquels on sera assuré, qu'il ne peut tomber aucune racine réelle.

Nous croyons, en conséquence, que le théorême trouvé par M. Budan mérite l'attention de la classe comme étant une extension de la règle de Descartes, et que son mémoire peut être imprimé dans le Recueil des Mémoires présentés, accompagné du présent rapport.

Signé, LAGRANGE ; LEGENDRE, *rapporteur*.

Observations de l'auteur du Mémoire.—Je publie mon Mémoire tel que je l'ai présenté, en 1811, à la première classe de l'Institut. Le véritable résultat de l'examen fait par Messieurs les Commissaires, est.......

1°. Que les développements qui pourroient manquer à la première proposition sont *faciles à suppléer.*

2°. Que *le Théorême de Segner étant supposé, la démonstration* (de la 5me. proposition) *est exacte.*

Peut-on légitimement inférer de pareilles prémisses que les démonstrations ne sont pas *entièrement rigoureuses?*

Quoi qu'il en soit, l'auteur croit avoir satisfait au désir de Messieurs les Commissaires, en joignant leur Rapport à son Mémoire, et en ajoutant seulement, à celui-ci, les deux courtes parenthèses qu'on y trouvera en caractères italiques. Ces deux additions n'étoient peut-être pas nécessaires, mais.... *Quod abundat non vitiat.* L'auteur, selon le Rapport, aurait dû *citer le Théorême de Segner, ou indiquer de quelle manière il y a suppléé.* On n'a pas prétendu y suppléer; on l'a réellement employé, comme il est facile de s'en assurer en jettant les yeux sur le passage imprimé en italique; mais on n'avait pas ajouté : *c'est ici le Théorême de Segner;* c'est pour réparer ce manquement, si manquement y a, qu'est destinée l'une des parenthèses dont il vient d'être fait mention.

Au reste, Segner ayant établi son Théorême, en comparant les variations de signe d'un polynome en x, avec celles que présente le produit de ce polynome par le binome $x - a$, il n'est pas inutile de faire observer qu'un semblable résultat, se déduit d'un Théorême relatif aux variations de signe d'une Suite et à celles de sa *Syntagmatique,* lorsque le dernier terme de celle-ci est zéro (voyez l'APPERÇU ci-dessous, concernant les Suites que j'appelle *Syntagmatiques*, N°. 8).

ARTICLE III. — *D'un moyen de reconnoître la présence des racines réelles entre deux nombres différant entre eux d'une unité, indépendamment de l'opposition des signes du dernier terme dans les deux transformées.*

On a vu précédemment (note U) avec quelle facilité on passe de l'équation en $(x^{(n)}-p^{(n)})$ à celle en $\left(x-p-\frac{p'}{10}-\ldots-\frac{p^{(n)}}{10^n}\right)$.

On a vu aussi (Chap. VI) que les variations de signe dans une collatérale en $\left(z^{(n)}_{p^{(n)}}-1\right)$ attestent l'existence des racines réelles entre p et $p+1$, dans le proposé en x, à moins que $10^{2n}\varphi$ ne soit plus petit que $\frac{1}{4}$ (φ étant précédé du signe — sous le signe radical, et $p+f$ étant la partie réelle comprise entre p et $p+1$, dans l'expression d'une couple de racines imaginaires que doit avoir la proposée, afin que ce cas d'exception puisse avoir lieu).

La fraction f doit, dans l'hypothèse, différer, de moins de $\frac{1}{10^n}$, de la valeur $\left(\frac{p'}{10}+\ldots+\frac{p^{(n)}}{10^n}\right)$; si, supposant $\frac{1}{10^n}$ très petit, on se permet de prendre cette valeur pour celle de f, comme font les Géomètres en tant d'autres cas qui paroissent moins favorables, on aura pour lors $\sqrt{-\varphi}=x-p-\frac{p'}{10}-\ldots-\frac{p^{(n)}}{10^n}$; et les termes de rang impair dans l'équation en $\left(x-p-\frac{p'}{10}\ldots-\frac{p^{(n)}}{10^n}\right)$ seront les coefficiens d'une équation en φ, à l'aide de laquelle on assignera, suivant le moyen connu, la limite inférieure, que la valeur de φ devra surpasser. Si donc on reconnoît, par cette limite, que $10^{2n}\varphi$ ne peut être moindre que $\frac{1}{4}$, condition à laquelle, d'autre part, φ devroit satisfaire pour pouvoir maintenir le cas d'exception dans l'équation en $\left(z^{(n)}_{p^{(n)}}-1\right)$, on en devra conclure que l'exception n'a pas lieu, et qu'il existe des racines réelles entre $p+\frac{p}{10}+\ldots+\frac{p^{(n)}}{10^n}$ et $p+\frac{p'}{10}+\ldots+\frac{p^{(n)}+1}{10^n}$.

Ceci va être rendu sensible par l'exemple suivant.

Soit l'équation... $x^4+x^3-8x+4=0$.

En suivant notre méthode, ayant eu lieu de supposer qu'il y a une double racine entre zéro et 1, on aura pareillement lieu de présumer

1° (après avoir fait $10\,x=x'$), qu'il y a, dans l'équation en x' une double racine entre 7 et 8; et par conséquent, une double racine dans la proposée entre o. 7 et o. 8;

2°. (après avoir fait $10\,(x'-7)=x''$) qu'il y a, dans l'équation en x'', une double racine entre 3 et 4 : et par conséquent, une double racine dans la proposée entre o. 73 et o.74;

3°. (après avoir fait $10\,(x''-3)=x'''$) qu'il y a une double racine, dans l'équation en x''', entre 2 et 3; et par conséquent, une double racine dans la proposée, entre o. 732 et o. 733;

4°. (après avoir fait $10\,(x'''-2)=x^{\text{iv}}$) qu'il y a une double racine dans l'équation en x^{iv} entre zéro et 1; et par conséquent, deux racines dans la proposée entre o. 7320 et o.7321.

L'équation en $(x^{(n)}-p^{(n)})$ est ici celle en $(x^{\text{iv}}-0)$, c'est-à-dire en x^{iv}, et le cas d'exception ne peut se maintenir dans sa collatérale, si φ n'est pas moindre que $\frac{1}{400,000,000}$.

Les coefficiens de l'équation en x^{iv}, convenablement divisés, donnent ceux de l'équation en $(x-0.7320)$ dont les coefficiens de rang impair, étant pris pour ceux de l'équation en φ, cette dernière équation sera $\varphi^2-11.998844\varphi+0.00000000030966=0$

Sans tirer de cette équation du 2e degré la valeur que devroit avoir φ, on se bornera à en conclure, pour suivre la marche générale, que φ devra être plus grand que $\frac{3}{11.99894404}$ et par conséquent plus grand que $\frac{1}{400,000,000}$. Donc φ ne remplit point la condition exigée pour le maintien de l'exception; donc x a deux valeurs égales, du moins, jusqu'à la 4e décimale; la double racine étant 0.732 à moins d'un dix-millième près.

L'équation qui nous a servi d'exemple, est le développement de $(x+1)^4-6(x+1)^2+9=0$. Elle a effectivement deux racines, égales, chacune, à 0.732, à un dix-millième près.

ARTICLE IV. — *Algorithme pour la transformation d'un Polynome en x du degré* n, *en un Polynome équivalent, du même degré, en* (x — u), u *étant positif ou négatif, entier ou fractionnaire.*

Etant donnée une suite.............a_0... a_1.....a_n etc.
Si l'on calcule une 2e suite............a_0... $a^{(1)}_1$....$a^{(1)}_n$ etc.

de telle manière qu'on ait (quelque soit n)...$a_n = a^{(1)}_n - u\,a^{(1)}_{n-1}$; u étant

un facteur constant, ou...............$a^{(1)}_n = a_n + u\,a^{(1)}_{n-1}$

J'appelle la première suite l'*anti-syntagmatique* de la seconde; un terme $a^{(1)}_n$ de la seconde suite, s'appellera le *syntagme* des termes de la première, depuis a_0 jusqu'à a_n.

En calculant de la même manière, on obtiendra la syntagmatique de la syntagmatique, ou la syntagmatique seconde de la suite donnée, dont on se procure semblablement les syntagmatiques 3e., 4e., etc.; les termes généraux des syntagmatiques des différens ordres, seront représentés par $a^{(1)}_n$, $a^{(2)}_n$, $a^{(3)}_n$, etc.

Ceci posé, pour obtenir les coefficiens d'un polynome en $(x-u)$ équivalent au polynome d'un même degré n, $a_0 x^n + \ldots$ dont les coefficiens donnés sont a_0... a_1..... a_n, écrivez ceux-ci, comme formant une suite, en écrivant o pour un terme, quand o sera le coefficient d'une puissance de x; c'est-à-dire, quand cette puissance manquera dans le polynome : ensuite vous vous procurerez successivement la syntagmatique première de cette suite; puis ses syntagmatiques 2e., 3e., 4e., etc, en calculant à chaque fois un terme de moins; les derniers termes respectifs représentés par $a^{(1)}_n$, $a^{(2)}_{n-1}$, $a^{(3)}_{n-2}$,......$a^{(n)}_1$, seront respectivement les coefficiens de $(x-u)^0$, $(x-u)^1$,.. $(x-u)^{n-1}$; quant au coefficient de $(x-u)^n$, il sera le même que celui de x^n; c'est-à-dire a_0.

La raison de ce procédé est que, si l'on prend la syntagmatique, au module constant quelconque u, des coefficiens d'un polynome, le *syntagme* de ces coefficiens sera le reste de la division du polynome par $(x-u)$, et que les termes qui précèdent ce syntagme seront les coefficiens du polynome-quotient; c'est-à-dire, que désignant le polynome donné par P_n et le polynome-quotient par P_{n-1}

on aura
$$\frac{1}{x-u}P^n = P_{n-1} + \frac{a_n^{(1)}}{x-u};$$

puis, en divisant les deux membres de l'équation par $x-u$, on a

$$\frac{1}{(x-u)^2}P_n = P_{n-2} + \frac{a_{n-1}^{(2)}}{(x-u)} + \frac{a_n^{(1)}}{(x-u)^2};$$

et continuant ainsi les divisions, on arrive à

$$\frac{1}{(x-u)^n}P_n = a_0 + \frac{a_1^{(n)}}{x-u} + \ldots + \frac{a_n^{(1)}}{(x-u)^n};$$

d'où $P_n = a_0 (x-u)^n + a_1^{(n)} (x-u)^{n-1} + \ldots + a_{n-1}^{(2)} (x-u)^1 + a_u^{(1)}$

Prenant pour exemple le polynome $2x^3-3x^2+5x-3$, on calculera, de cette manière, les coefficiens du polynome équivalent en $(x+1)$, en observant que pour lors le module u est -1, dans l'équation de relation $a_n^{(1)} = a_n + u\, a_{n-1}^{(1)}$.

Coefficiens............	2 — 3 + 5 — 3
Syntagmatique 1ère............	2 — 5 + 10 — 13
Syntagmatique 2ème............	2 — 7 + 17
Syntagmatique 3ième............	2 — 9
Syntagmatique 4ième............	2

d'ou résulte le polynome équivalent

$$2(x+1)^3-9(x+1)^2+17(x+1)^1-13(x+1)^0.$$

C'est le même résultat obtenu au Chap. II de la nouvelle méthode, page 19. L'énoncé de cet algorithme, est le même qui se trouve dans la 2e proposition à la page 13, pourvu qu'on y change $(x-1)$ en $(x-u)$, et les mots *somme première*, *somme seconde*, etc. en *syntagme premier*, *syntagme second*, etc.

ARTICLE V. — *Du Calcul des Facteurs réels du second degré, pour un polynome d'un degré quelconque.*

Une suite syntagmatique à deux modules constans U_1 et U_2, est celle qui est liée à son anti-syntagmatique par l'équation de relation $a_n - U_1 a_{n-1} - U_2 a_{n-2} = a'_n$; a_n étant un terme quelconque de la syntagmatique, et a'_n le terme correspondant de l'anti-syntagmatique.

La formule qui suit donne la valeur de a_n, en fonction des deux modules et des $1+n$ premiers termes de l'anti-syntagmatique...a_0..a'_1..a'_2.....a'_n.

$$
)\ldots a_n = \left\{ \begin{array}{l}
a_0 U_1^{n-1} + a_1 U_1^{n-2} + [(n-2)a_0 U_2 + a_2] U_1^{n-3} + [(n-3)a_1 U_2 + a_3] U_1^{n-4} \\
+ \left[\frac{(n-3)(n-4)}{1.2} a_0 U_2^2 + (n-4) a_2 U_1 + a_4 \right] U_1^{n-5} \\
+ \left[\frac{(n-4)(n-5)}{1.2} a_1 U_2^2 + (n-) a_3 U_2 + a_5 \right] U_1 n-6 \\
+ \left[\frac{(n-4)(n-5)(n-6)}{1.2.3} a_0 U_2^3 + \frac{(n-5)(n-6)}{1.2} a_2 U_2^2 + (n-6) a_4 U_2 + a_6 \right] U_1^{n-7} \\
+ \left[\frac{(n-5)(n-6)(n-7)}{1.2.3} a_1 U_2^3 + \frac{(n-6)(n-7)}{1.2} a_3 U_2^2 + (n-7) a_5 U_2 + a_7 \right] U_1^{n-8} \\
+ \text{ etc. etc.; la loi est visible.}
\end{array} \right.
$$

Les $1+n$ premiers termes étant supposés les coefficiens d'un polynome complet en x du degré n, il s'agit de trouver des modules U_1 et U_2, qui rendent nuls le *syntagme* a_n et le *pro-syntagme* a_{n-1}, attendu que les termes qui précèdent ces deux-ci dans la syntagmatique sont les coefficiens du polynome-quotient en x, du degré $n-2$, qui doit résulter de la division du polynome proposé par le facteur du 2e degré...$x^2 - U_1 x - U_2$. Ainsi l'on égalera à zéro ce second membre de (f), qui est la valeur de a_n; on égalera pareillement à zéro ce second membre, en y changeant n en $n-1$; lequel membre exprimera pour lors la valeur de a_{n-1}. Ce qui donnera deux équations à deux inconnues; d'où l'on tirera les valeurs de U_1 et de U_2. Ensuite, si l'on fait $x^2 - U_1 x - U_2 = 0$, U_1 et U_2 étant désormais connus, on connoîtra $x = \frac{1}{2}U_1 \pm \sqrt{(\frac{1}{4}U_1^2 + U_2)}$.

Soit pour exemple.... $x^3 + a_2 x + a_3 = 0$

En traitant ce polynome de la manière indiquée, on obtient... $U_1^3 + a_2 U_1 - a^3 = 0$, et $U_1 U_2 = - a_3$.

Les lettres étant remplacées par des nombres, soit........ $x^3 - 9x + 28$; d'où $U_1^3 - 9U_1 - 28 = 0$.

On calculera les coefficiens des transformées en $(U_1 - 1)$, etc., suivant notre méthode.

Coefficiens des équations......

en U_1	...$1 + 0 - 9 - 28$,
en $(U_1 - 1)$	...$1 + 3 - 6 - 36$,
en $(U_1 - 2)$	...$1 + 6 + 3 - 38$,
en $(U_1 - 3)$	...$1 + 9 + 18 - 28$,
en $(U_1 - 4)$	...$1 + 12 + 39 + 0$;

$U_1 = 4$; et puisque

$$U_1 U_2 = - a_3 = - 28, \quad U_2 = - \frac{28}{4} = - 7;$$

donc $x^2 - 4x + 7 = 0$, et $x = 2 \pm \sqrt{-3}$.

Si le polynome est $x^3 - 15x + 4 = 0$, la valeur de U_1 devant être, comme dans le premier exemple....,

$$U_1^3 - 15U_1 - 4 = 0,$$

donc $U_1 = 4$ et $U_2 = \frac{-4}{4} = - 1$; d'où $x^2 - 4x + 1 = 0$;

et $$x = 2 \pm \sqrt{3}.$$

On voit par cet article et le précédent, que la résolution des équations numériques, pour les racines réelles et imaginaires, se ramène à trouver un module *annulateur* du syntagme dans une syntagmatique à un module constant ; et les deux modules constans *annulateurs* du *syntagme* et du *pro-syntagme* dans la syntagmatique à deux modules.

On ne sauroit donc dire de toute équation qui a des racines sourdes ou incommensurables, aussi généralement que Newton l'a énoncé : « *Radices surdæ finitarum æquationum, nec numeris,* » *nec quâvis arte analyticâ ita possunt exhiberi ut alicujus quantitas, è reliquis distincta, exactè cognoscatur.* (*De analysi per* » *æquationes* etc., vers la fin). »

ARTICLE VI. — *Réponses à deux demandes qui ont été faites à l'Auteur.*

On m'a demandé à quoi pouvoit servir cette méthode, et de quelle importance pouvoit être la résolution des équations numériques. Je pourrois renvoyer à ce qui a été dit à ce sujet par Lagrange, dont les pensées ont été peut-être plus persévéramment dirigées vers cet objet que vers tout autre. Mais, à cet égard, comme au sujet des additions que je présente dans cette nouvelle édition, je dirai simplement avec Fontenelle : « Amassons toujours des vérités de mathématique... au hasard de ce qui en » arrivera... Il y en aura qui, prises séparément, seront stériles, » et ne cesseront de l'être que quand on s'avisera de les rapprocher.... Il est toujours utile de penser juste... Rien ne marque » mieux combien l'esprit est destiné à la vérité que le charme (1) « que l'on éprouve, et quelquefois malgré soi, dans les plus » sèches et les plus épineuses recherches de l'Algèbre. » (*Préface des Éloges.*)

Quelques personnes m'ont aussi demandé comment j'étois parvenu à trouver la *Nouvelle Méthode :* je ne puis répondre autre chose sinon que j'ai examiné l'objet sous diverses faces, avec cette attention que le célèbre philosophe Malebranche considère comme une sorte de *prière naturelle au* VERBE, la véritable lumière qui éclaire l'entendement. Pour mon compte, je ne saurois m'empê-

(1) Ce charme qu'on ne saurait nier, et que Fénélon appelloit un *charme diabolique;* ce charme des Muses mathématiques, qui était connu de Virgile, et qu'il a semblé préférer à celui des autres Muses, quand il a dit :

Me verò primùm dulces ante omnia musæ,
Accipiant, cœlique vias ac sidera monstrent,

est quelquefois remplacé par un dégoût qui s'est fait sentir même au célèbre Newton, dont je rapporte ci-après le texte, servant d'épigraphe à l'APPERÇU qui va suivre.

cher de croire que l'homme a souvent lieu d'appliquer aux pensées qui se présentent à son esprit, ces paroles de la mère des Machabées, qui disoit à ses enfants : *Nescio qualiter in utero meo apparuistis.* Et ce qui me confirme dans cette persuasion, c'est que l'illustre géomètre LAGRANGE a observé au sujet de *Jean Bernoulli*, qu'il a touché deux fois à la découverte de telle vérité qui n'a été aperçue que vingt ans après par un autre géomètre (*Moivre*), lequel pourtant n'égaloit pas Bernoulli en perspicacité.

APPERÇU

Concernant les SUITES *SYNTAGMATIQUES.*

« Methodum generalem quam... olim cogitaveram,
» in sequentibus breviter explicatam potius quàm
» accuratè demonstratam habes (NEWTON. De analysi
» per æquationes numero terminorum infinitas) »

« Parciùs scribo quod hæ speculationes diù mihi
» fastidio esse cœperint, adeò ut ab iisdem jàm per
» quinque ferè annos abstinuerim. (*Lettre de Newton*
» *à Oldenbourg, du* 13 *juin* 1676). »

AVERTISSEMENT.

L'Auteur, contraint par les circonstances, s'est borné à donner ici un simple *précis* concernant les Suites *Syntagmatiques*. Usant d'une liberté qui a été accordée à divers Géomètres, il a cru pouvoir s'autoriser du texte que Newton lui a fourni. On trouvera donc ici la vérité, *breviter explicatam potiùs quàm accuratè demonstratam.* Toutefois cette *briève* explication ne laissera pas que de mettre souvent les lecteurs sur la voie de la démonstration, et plusieurs peut-être ne seront pas fâchés d'avoir quelque travail à faire pour y parvenir par eux-mêmes, et d'entrer en partage, pour ainsi parler, dans celui de l'Auteur.

INFANTI REGIO,

BURDIGALENSIUM DUCI:

ACCIPE, parve puer, nostro munuscula cultu
Qui modò cœpisti risu cognoscere Matrem,
Nunc etiam incipias risu cognoscere Francos.
Ipsa tibi fundunt blandos cunabula flores;
Occidet et serpens et fallax herba veneni.
At simul heroüm laudes et facta parentûm
Jàm legere et quæ sit poteris cognoscere virtus,
Si qua manent eheu! priscæ vestigia fraudis,
Irrita perpetuâ solvant formidine terras.
Quippe ubi fas versum atque nefas, ausoque positi
Ausi immane scelus; ruptis ubi legibus urbes
Detrectant juga; cùm frustrà retinacula tendens
Fertur equis auriga, neque audit currus habenas;
Hunc saltem everso juvenem succurrere sæclo
Ne prohibete, Dii patrii; sat sanguine nostro
Si tandem luimus miseri perjuria Galli.
Ergò ubi te firmata virum jàm fecerit ætas,
Aggredere ò magnos (aderit jàm tempus) honores,
Cara Deo soboles, spes et fidissima gentis;
Te duce, venturo lætentur et omnia sæclo.
O mihi tam longæ maneat pars ultima vitæ,
Spiritus et quantùm sat erit tua *cernere* facta!

(*E Virgilii carminibus excerptum.*)

APPERÇU

Concernant les SUITES *SYNTAGMATIQUES.*

1. Lorsque deux suites de nombres, coordonnées l'une à l'autre, terme à terme, sont telles, qu'un terme quelconque de la seconde, représenté généralement par A_n, égale la somme du terme correspondant de la première, représenté par A'_n, et des autres termes qui précèdent celui-ci, on exprime cette propriété en disant que la seconde suite est *sommatoire* de la première, et elles sont liées entre elles par cette équation de relation

$$A_n = A'_n + A_{n-1}, \text{ ou } A_n - A_{n-1} = A'_n;$$

équation à laquelle se réduit celle-ci

$$A_n - U_1 A_{n-1} = A'_n,$$

lorsque le facteur U_1 égale constamment l'unité ; et cette dernière équation est elle-même renfermée dans l'équation

$$A_n - U_1 A_{n-1} - U_2 A_{n-2} - \ldots - U_\nu A_{n-\nu} = A'_n;$$

laquelle se réduit à la précédente, quand l'indice ν égale 1.

2. Ceci conduit à considérer des suites de termes placées les unes au-dessus des autres, et se correspondant terme à terme, en sorte que, représentant un terme quelconque d'une ces suites par $A_n^{(m)}$, et le terme qui correspond à celui-ci, dans la suite immédiatement supérieure, par $A_n^{(m-1)}$, on ait entre ces deux suites l'équation de relation

$$A_n^{(m)} - U_1^{(m)} A_{n-1}^{(m)} = A_n^{(m-1)},$$

et plus généralement,

$$A_n^{(m)} - U_1^{(m)} A_{n-1}^{(m)} - U_2^{(m)} A_{n-2}^{(m)} - \ldots - U_\nu^{(m)} A_{n-\nu}^{(m)} = A_n^{(m-1)}$$

Nous donnons à ces suites le nom de *syntagmatiques*, mot dérivé du grec, signifiant *coordonnées*.

Nous entendons par la suite (m), ou de l'ordre m, celle d'entre ces suites, dont le terme généralest représenté par $A_n^{(m)}$. Et dans un sens analogue, nous disons les suites (m + 1), (m + 2), etc., ainsi que les suites (m — 1), (m — 2), etc.

Les suites (m + 1), (m + 2), etc., sont ce que nous appelons les *syntagmatiques première, seconde*, etc., de la suite (m); tandis que les suites (m — 1), (m — 2), etc., sont les *anti-syntagmatiques première, seconde*, etc., de cette même suite. On voit par là que chaque suite est la syntagmatique de la suite placée au-dessus d'elle, et l'anti-syntagmatique de la suite placée au-dessous.

Nous donnons aux facteurs $U_1^{(m)}$, $U_2^{(m)}$, ...$U_\nu^{(m)}$ le nom de *modules syntagmatiques*.

3. Quand on suppose que $\nu = 1$, c'est-à-dire que l'équation n'a qu'un seul module $U_1^{(m)}$; qu'en outre $U_1^{(m)} = 1$, et qu'il y a un même premier terme dans chaque suite, les syntagmatiques deviennent alors des suites *sommatoires*, et les anti-syntagmatiques deviennent des suites *contre-sommatoires* ou *différentielles*, puisque, dans ce cas, l'équation de relation se réduit à

$$A_n^{(m)} - A_{n-1}^{(m)} = A_n^{(m-1)}.$$

4. Nous avons à considérer successivement :

1°. Un syntagmatique à *un seul module*, et son anti-syntagmatique seulement;

2°. Une suite avec ses syntagmatiques et ses anti-syntagmatiques, premières, deuxièmes, etc.; toutes ces suites étant aussi à *un seul module*;

3°. Une suite et son anti-syntagmatique à *plusieurs modules;*

4°. Une suite avec ses syntagmatiques et ses anti-syntagmatiques, premières, deuxièmes, etc., à *plusieurs modules*.

5. L'Analyste est conduit par ces considérations à quelques formules générales, à des théorèmes nouveaux, et trouve sur son

chemin des résultats qui embrassent une grande partie de l'Algèbre, ainsi que les principales formules du Calcul infinitésimal. Et quoique l'analyse algébrique semble offrir deux branches bien distinctes, la théorie des équations et celle des suites, une conséquence de ces recherches sera que ces deux branches s'entrelacent, au point même de s'identifier sous certain rapport. On y trouvera la confirmation de ce qui a été dit par FONTENELLE et par M. DE LAPLACE, sur l'utilité des méthodes et des formules générales.

« Les formules générales sont les lieux élevés où l'on se place » pour découvrir, tout-à-la-fois, un grand pays.... Tel est » l'effet des méthodes générales : quand on a su les découvrir, » on est à la source, et on n'a plus qu'à se laisser aller au cours » paisible des conséquences (*Eloges de* VARIGNON et de L'HÔ» PITAL, *par* FONTENELLE). »

« Il importe extrêmement, dit aussi M. le marquis DE LA» PLACE, de multiplier les méthodes et les formules générales. » Le système des connoissances liées entre elles par une mé» thode uniforme, peut mieux se conserver et s'étendre. Pré» férez donc dans l'enseignement les méthodes générales, at» tachez-vous à les présenter de la manière la plus simple, et » vous verrez, en même temps, qu'elles sont presque toujours » les plus faciles (*Leçons aux Écoles Normales*). »

6. Si deux suites se correspondant terme à terme, sont liées entre elles par cette équation de relation $a_n - u_{n-1}a_{n-1} = a'_n$, la suite à laquelle appartient le terme a_n est appelée la *syntagmatique* de celle dont fait partie le terme a'_n, laquelle s'appelle son *anti-syntagmatique*, et l'on déduit de cette équation la formule

$$(F) \ldots a_n = \begin{cases} u_{n-1}u_{n-2}\ldots u_{n-n'}a_{n-n'} + u_{n-1}u_{n-2}\ldots u_{n-n'+1}a'_{n-n'+1} + \ldots\ldots \\ + u_{n-1}u_{n-2}a'_{n-2} + u_{n-1}a'_{n-1} + a'_n. \end{cases}$$

Si le facteur u_{n-1}, que nous appelons *nodule syntagmatique*, au lieu de varier en même temps que *n* conserve pour chaque terme une valeur constante, que nous désignons alors simplement par *u*, alors la valeur de a_n (que nous nommons le *syn-*

tagme des termes compris dans le second membre de (F), devient

$$(F')\ldots a_n = a_{n-n'}u^{n'} + a'_{n-n'+1}u^{n'-1} + \ldots + a'_{n-1}u^1 + a'_n.$$

Si l'on joint à la première équation cette équation auxiliaire $v_{n-1}a_{n-1} = a'_n$, et si, pour abréger, on adopte la notation,

$$\left(\frac{v_{n-n'}+u_{n-n'}}{u_{n-n'}}\right)^{n')1} = \frac{(v_{n-n'}+u_{n-n'})\ldots(v_{n-2}+u_{n-2})(v_{n-1}+u_{n-1})}{u_{n-n'}\ldots u_{n-2}.u_{n-1}},$$

on parvient à cette formule,

$$(F_1)\ldots\left(\frac{v_{n-n'}+u_{n-n'}}{u_{n-n'}}\right)^{n')1} = \begin{cases} 1+\dfrac{v_{n-n'}}{u_{n-n'}}+\dfrac{(v_{n-n'}+u_{n-n'})v_{n-n'+1}}{u_{n-n'}\ldots\ldots u_{n-2}.u_{n-1}} \\ +\ldots+\dfrac{(v_{n-n'}+u_{n-n'})\ldots)(v_{n-2}+u_{n-2})v_{n-1}}{u_{n-n'}.\ .u_{n-2}.u_{n-1}}. \end{cases}$$

7. De là naissent deux suites commençant, l'une et l'autre, par l'unité, et dont la seconde est sommatoire de la première; le terme général de celle-ci est

$$\frac{(v_0+u_0)(v_1+u_1)\ldots(v_{n-2}+u_{n-2})v_{n-1}}{u_0\ .\ u_1\ \ldots\ u_{n-2}\ .\ u_{n-1}}\ldots$$

(Pour simplifier, on fait ici $n-n'=0$).

Et le terme général de la sommatoire est

$$\frac{(v_0+u_0)(v_1+u_1)\ldots(v_{n-2}+u_{n-2})(v_{n-1}+u_{n-1})}{u_0\ .\ u_1\ \ldots\ u_{n-2}\ .\ u_{n-1}}.$$

La propriété de ces deux suites se vérifie d'ailleurs immédiatement *à posteriori*, indépendamment de toute valeur particulière attribuée aux v et aux u.

Deux suites de nombres quelconques peuvent être ainsi coordonnées suivant l'équation de relation et son auxiliaire.

Si tous les v ont une même valeur représentée par m, et si l'on change respectivement $u_0, u_1, u_2\ldots, u_{n-1}$, en $u, 2u, 3\ldots, nu$, on obtient ces deux suites, dont la seconde est sommatoire de la première.

$$(S_m)\ldots 1+\frac{m}{u}+\frac{m(m+u)}{u.2u}+\ldots+\frac{m(m+u)\ldots[m+(n-1)u]}{u.\ 2u\ldots\ldots\ldots nu};$$

$$(S_{m+1})\ldots 1+\frac{m+u}{u}+\frac{(m+u)(m+2u)}{u.2u}+\ldots+\frac{(m+u)\ldots(m+nu)}{u\ldots\ldots nu}.$$

Ces deux suites, si l'on y fait $n = 1$, deviennent

$$(S'_m)\ldots 1 + \frac{m}{1} + \frac{m(m+1)}{1.2} + \ldots + \frac{m(m+1)\ldots(m+n-1)}{1.2\ldots\ldots n};$$

$$(S'_{m+1})\ldots 1 + \ldots \frac{m+1}{1} + \frac{m(m+1)(m+2)}{1.2.} + \ldots + \frac{m(+1)m+2)\ldots(m+n)}{1.2\ldots\ldots\ldots n}.$$

D'où l'on conclut que la syntagmatique $n^{ième}$, au module constant 1 de la suite (S'_m), ou la sommatoire $m^{ième}$ est

$$(S'_{m+m})\ldots 1 + \frac{m+m}{1} + \frac{(m+m)(m+m+1)}{1.2} + \ldots + \frac{(m+m)\ldots(m+m+n-2)}{1\ldots\ldots\ldots\ldots n-1},$$

en s'arrêtant au terme $n^{ième}$. En changeant dans cette dernière suite m en $-m$, on a l'anti-syntagmatique $m^{ième}$ au module 1 ; c'est-à-dire la contre-sommatoire, ou suite différentielle $m^{ième}$ de la suite (S'_m); et si l'on fait $m = 0$, ce qui rend nuls tous les termes de celle-ci, excepté le premier qui est 1, alors sa contre-sommatoire $m^{ième}$ est

$$(S'_{-m})\ldots 1 - \frac{m}{1} + \frac{m(m-1)}{1.2}\ldots \pm \frac{m(m-1)\ldots(m-n+2)}{1.2\ldots\ldots(m-1)}.$$

8. On peut établir, relativement aux suites syntagmatiques, les théorêmes suivans :

Lemme. Le *syntagme* a_n, dans une syntagmatique, à un seul module, soit constant, soit variable, et son *anti-syntagme* a'_n, doivent toujours être des nombres de même signe : 1°. lorsque le module étant constamment positif, le *syntagme* a_n et le *pro-syntagme* a_{n-1}, sont de signes contraires; 2°. lorsque le module étant constamment négatif, le *syntagme* et le *pro-syntagme* ont le même signe.

Premier théorème. Dans une syntagmatique dont le module est constant dans son signe, et dans laquelle $a_{n-n'}$ est de même signe que $a'_{n-n'}$, une suite de termes commençant par $a_{n-n'}$, et finisant par a_n, ne peut présenter plus de variations de signe que la suite des termes qui lui correspondent dans l'anti-syntagmatique, si le module est positif; ni plus de permanences, si le module est négatif.

Deuxième théorème. Lorsque le module est constant dans son signe, que $a_{n-n'}$ et $a'_{n-n'}$ sont de même signe, et que a_n est zéro, l'anti-syntagmatique commençant par $a'_{n-n'}$, et finissant par a'_n, doit présenter au moins une variation de signe de plus qu'il ne s'en trouve dans les n' termes de la syntagmatique, depuis $a_{n-n'}$ jusqu'à a_{n-1}, si le module est positif; et une permanence de signe de plus qu'il ne s'en trouve dans ces n' termes, si le module est négatif.

9. Considérons maintenant une suite avec ses syntagmatiques et anti-sintagmatiques des différens ordres, à un seul module, soit variable, soit constant, l'équation de relation étant pour lors....

$$a_n^{(m)} - u_{n-1}^{(m)} a_{n-1}^{(m)} = a_n^{(m-1)}; \text{ ou } a_n^{(m)} = a_n^{(m-1)} + u_{n-1}^{(m)} a_{n-1}^{(m)}.$$

On en déduit généralement..............................

$$(F)\ldots a_n^{(m)} = \left\{\begin{array}{l} a_n^{(m-n')} \\ + \left[u_{n-1}^{(m)} + u_{n-1}^{(m-1)} + \ldots\ldots + u_{n-1}^{(m-n'+1)}\right] a_{n-1}^{(m-n'+1)} \\ + \left[u_{n-1}^{(m)} u_{n-2}^{(m)} + \ldots\ldots\ldots + u_{n-1}^{(m-n+2)} u_{n-2}^{(m-n+2)}\right] a_{n-2}^{(m-n'+2)} \\ + \text{etc.} \ldots\ldots\ldots\ldots\ldots\ldots\ldots\ldots \\ + \left[u_{n-1}^{(m)} \ldots u_{n-n'+1}^{(m)} + \ldots + u_{n-1}^{(m-2)} \ldots u_{n-n'+2}^{(m-2)}\right] a_{n-n'+2}^{(m-2)} \\ + \left[u_{n-1}^{(m)} \ldots u_{n-n'+1}^{(m)} + \ldots + u_{n-1}^{(m-1)} \ldots u_{n-n'+1}^{(m-1)}\right] a_{n-n'+1}^{(m-1)} \\ + u_{n-1}^{(m)} . u_{n-2}^{(m)} \ldots u_{n-n'}^{(m)} a_{n-n'}^{(m)}. \end{array}\right.$$

Dans le second membre de (F), un terme quelconque après $a_n^{(m-n')}$ dont le coefficient est un 1, peut être représenté par....

$$\left[u_{n-1}^{(m)} \ldots\ldots u_{n-\nu}^{(m)} + \ldots\ldots + u_{n-1}^{(m-n'+\nu)} \ldots u_{n-\nu}^{(m-n'+\nu)}\right] a_{n-\nu}^{(m-n'+\nu)};$$

ν étant un des nombres entiers depuis 1 jusqu'à n'. On peut donc écrire pour abréger, en prenant la lettre S pour signifier la somme.......

$$a_n^{(m)} = a_n^{(m-n')} + S\left[u_{n-1}^{(m)} \ldots u_{n-\nu}^{(m)} + \ldots + u_{n-1}^{(m-n'+\nu)} \ldots u_{n-\nu}^{(m-n'+\nu)}\right] a_{n-\nu}^{(m-n'+\nu)}:$$

10. En considérant attentivement le mode de coordination d'une suite et de ses anti-syntagmatiques, on reconnoîtra 1° que le cofficient de $a_{n-\nu}^{(m-n'+\nu)}$ est la somme d'un certain nombre de termes dont chacun est composé de ν facteurs modulaires, représentés généralement par $u_{n-1}^{(\mu_1)} u_{n-2}^{(\mu_2)} \ldots u_{n-\nu}^{(\mu_\nu)}$, dans lesquels les indices supérieurs sont sujets à varier, tandis que les indices inférieurs sont toujours $n-1$, $n-2, \ldots n-\nu$:

2°. Qu'on obtient les valeurs des indices supérieurs, respectivement convenables pour les ν facteurs de chaque terme, en formant les différentes combinaisons que l'on peut obtenir ν à ν, avec les $(n-n'+\nu)$ nombres, $m, m-1, \ldots m-n'+\nu$, dont chacun peut être répété jusqu'à ν fois dans une même combinaison, en écrivant les nombres qui servent d'indices supérieurs dans un ordre de grandeur qui ne soit pas opposé à l'ordre qui règne entre les indices inférieurs : c'est-à-dire, par exemple, que deux facteurs tels que $u_{n-1}^{(m-1)}$ et $u_{n-2}^{(m)}$ ne peuvent être facteurs dans un même produit :

3°. Que, par conséquent, $\frac{(n'-\nu+1)\ldots(n'-1)n'}{1\ldots\ldots\ldots(\nu-1)\nu}$ ou $\frac{n'(n'-1)\ldots(n'-\nu+1)}{1.2\ldots\ldots\ldots\nu}$ exprime le nombre des différens produits dont la somme forme le coefficient de $a_{n-\nu}^{(m-n'+\nu)}$.

11. Dans le cas où le module est constant pour tous les termes de tous les ordres, alors, tous les facteurs modulaires ayant une même valeur u, la formule devient.........................

$$(F')\ldots a_n^{(m)} = \begin{cases} a_n^{(m-n')} + n' a_{n-1}^{(m-n'+1)} u^1 + \frac{n'.n'-1}{1.2} a_{n-2}^{(m-n'+2)} u^2 \\ + \ldots + n' . a_{n-n'+1}^{(m-1)} u^{n'-1} + a_{n-n'}^{(m)} u^{n'} . \end{cases}$$

Enfin, si l'on fait dans (F'), $u=1$; cas auquel $a_{n-\nu}^{(m-n'+\nu)}$ devient la différence $(n'-\nu)^{.ième}$ de $a_{n-n'}^{(m)}$, et peut se représenter par $\Delta^{(n'-\nu)} a_{n-n'}^{(m)}$, notre formule devient celle par laquelle la valeur d'un terme quelconque placé dans une suite au rang n', après un autre terme, est exprimée en fonction de cet autre terme et des différences 1.re, 2.e, 3.e, ... n'.^{ieme} de celui-ci.

Si donc, pour simplifier, on fait $n'=n$, et $a^{(m)}_{n-n'}=A_0$ et $a^{(m)}_{n}=A_n$, la formule (F'); prise à rebours, produit cette formule connue, qui est un cas particulier de (F''), qui n'est elle-même qu'un cas particulier de (F).........

$$(F''')\ldots A^{(m)}_{n}=A_0u^n+n\Delta^1A_0u^{n-1}+\frac{n.n-1}{1.2}\Delta^2A_0u^{n-2}+\ldots+n\Delta^{(n-1)}A^0u^1+\Delta^nA_0u^0.$$

12. La formule (F) conduit à deux autres, dans l'une desquelles le facteur modulaire ne varie qu'avec l'indice inférieur; ce cas sera exprimé par la suppression de l'indice supérieur du module dans l'équation de relation, qui sera $a^{(m)}_{n}-u_{n-1}a^{(m)}_{n-1}=a^{(m-1)}_{n}$, et la nouvelle formule sera..........

$$(F_1)\ldots a^{(m)}_{n}=\begin{cases} a^{(m-n')}_{n}+n'u_{n-1}\,a^{(m-n'+1)}_{n-1}+\dfrac{n'.n'-1}{1.2}u_{n-1}.u_{n-2}a^{(m-n'+2)}_{n-2} \\ +\ldots+n'u_{n-1}.+n'u_{n-1}\ldots\ldots\ldots u_{n-n'+1}a^{(m-1)}_{n-n'+1}+u_{n-1}\ldots u_{n-n'}a^{(m)}_{n-n'}; \end{cases}$$

Dans le second cas, c'est avec l'indice supérieur seulement que varie la valeur modulaire, et ce cas s'exprime par la suppression de l'indice inférieur du module dans l'équation de relation qui devient $a^{(m)}_{n}-u^{(m)}a^{(m)}_{n-1}=a^{(m-1)}_{n}$.

On aura donc, dans ce second cas,

$$(F_2)\ldots a^{(m)}_{n}=\begin{cases} a^{(m-n')}_{n}+\left[u^{(m)}+\ldots+u^{(m-n'+1)}\right]a^{(m-n'+1)}_{n-1} \\ +\left[\left(u^{(m)}\right)^2+\ldots+\left(u^{(m-n'+2)}\right)^2\right]a^{(m-n'+2)}_{n-2} \\ +\ldots\ldots\ldots\ldots\ldots\ldots\ldots\ldots\ldots\ldots \\ +\left[\left(u^{(m)}\right)^{n'-2}+\ldots+\left(u^{(m-2)}_{n-1}\right)^{n'-2}\right]a^{(m-2)}_{n-n'+2} \\ +\left[\left(u^{(m)}\right)^{n'-1}+\ldots+\left(u^{(m-1)}\right)^{n'-1}\right]a^{(m-1)}_{n-n'+1} \\ +\left(u^{(m)}\right)^{n'}a^{(m)}_{n-n'}. \end{cases}$$

13. Un terme quelconque après $a^{(m-n')}_{n}$ est généralement représenté dans (F_1), par

$$\frac{n'\ldots.(n'-\nu+1)}{1\ldots.\nu}u_{n-1}\ldots.u_{n-\nu}a^{(m-n'+\nu)}_{n-\nu};$$

et dans (F_{ν}), par

$$\left[(u^{(m)})^{\nu}+\ldots+(u^{(m-n'+\nu)})^{\nu}\right]a_{n-\nu}^{(m-n'+\nu)}.$$

La loi de ce dernier coefficient est la même que celle suivant laquelle sont formés les coefficiens dans (F), pourvu qu'on efface dans ceux-ci les indices inférieurs. Pour rendre cette loi plus sensible, prenons, comme exemple, le cas où $n'=4$, nous aurons

$$a^{(m)}=\left\{\begin{array}{l} a_{n}^{(n-4)}+\left[u_{n}^{(m)}+u^{(m-1)}+{}^{(m-2)}+u^{(m-3)}\right]a_{n-1}^{(m-3)} \\ +\left[\begin{array}{l}(u^{(m)})^{2}+u^{(m)}u^{(m-1)}+u^{(m)}u^{(m-2)}+(u^{(m-1)})^{2} \\ u^{(m-1)}u^{(m-2)}+(u^{(m-2)})^{2}\end{array}\right]a_{n-2}^{(m-2)} \\ +\left[\begin{array}{l}(u^{(m)})^{3}+(u^{(m)})^{2}\,.\,u^{(m-1} \\ u^{(m)}(u^{(m-1)})^{2}+(u^{(m-1)})^{3}\end{array}\right]a_{n-3}^{m-1)} \\ +(u^{(m)})^{4}a_{n-4}^{(m}. \end{array}\right.$$

14. A raison de l'analogie, le terme $a_{n-n'+\nu}^{(m-n'+\nu)}$, dans le cas de la formule (F'), pourrait s'appeler la *différence syntagmatique* $(n'-\nu)^{ième}$ de $a_{n-n'}^{(m)}$ au *module constant* u, et se représenter par $\nabla_{u}^{(n'-\nu)}a_{n-n'}^{(m)}$.

Dans le cas de la formule (F), où le module est sujet à varier pour chaque terme de chaque ordre, le terme $a_{n-\nu}^{(m-n'+\nu)}$ s'appelleroit encore la différence syntagmatique $(n'-\nu)^{ième}$ de $a_{n-n'}^{(m)}$; mais à un *module variable*, que l'on désignera, (en donnant la lettre ν, au lieu de u, pour indice inférieur au delta renversé), par $\nabla_{\nu}^{(n'-\nu)}a_{n-n'}^{(m)}$: telle seroit la notation, quand les deux indices du module seroient l'une et l'autre variables.

Mais si l'indice inférieur étoit seul sujet à varier, on écriroit $\nu_{,}$, au lieu de ν, et si c'étoit l'indice supérieur seul qui fût variable, ν seroit remplacé par ν'.

Dans la première de ces suppositions, qui est le cas de la

formule (F_1), on écriroit donc $\nabla_{\nu_1}^{(n'-\nu)} a_{n-n'}^{(m)}$; et dans la seconde, qui est celui de la formule (F_2), on écriroit $|\nabla_{\nu'}^{(n-\nu)} a_{n-n'}^{(m)}$.

15. Revenant à la formule générale (F), si l'on change, comme cela est permis, m en $m+m$, et n' en $n'+m$, ce cas lorsque les m termes, qui auront les indices inférieurs $n-n'-1$, $n-n'-2, \ldots n-n'-m$, devront être considérés comme autant de zéros, donne lieu à une formule qui, dans l'hypothèse de u constant, devient

$$('F)\ldots a_n^{(m+m)} = \begin{cases} a_n^{(m+m)} + (m+n')a_{n-1}^{(m-n'+1)}u^1 + \frac{(m+n')(m+n'-1)}{1 \; . \; 2} a_{n-2}^{(m-n'+2)} u^2 + \ldots \\ + \frac{(m+n')\ldots(m+2)}{1\ldots(n'-1)} a_{n-n'+1}^{(m-1)} u^{n'-1} + \frac{(m+n')\ldots(m+1)}{1\ldots n'} a_{n-n'}^{(m)} u^{n'}, \end{cases}$$

D'où il résulte, qu'avec les autres suppositions qui ont eu lieu ci-dessus pour la formule (F''), on aura (les termes étant pris à rebours)

$$(''F)\ldots A_n^{(m)} = \begin{cases} \frac{(m+n)\ldots(m+1)}{1\ldots\ldots\ldots n} A_0 u^n + \frac{(m+n)\ldots(m+2)}{1\ldots\ldots(n-1)} \Delta^1 A_0 u^{n-1} + \ldots \\ + \frac{(m+n)(m+n-1)}{1 \; . \; 2} \Delta^{n-2} A_0 u^2 + (m+n)\Delta^{n-1} A_0 u^1 + \Delta^n A^0 u^0. \end{cases}$$

Cette dernière formule exprime la somme $m^{ième}$ des $(1+n)$ premiers termes d'une suite A_0, A_1, $\ldots A_n$.

Dans l'avant-dernière formule, A_n^{m+m}, qui pourroit s'appeler la *somme syntagmatique* $m^{ième}$ de la suite $a_{n-n'}^{(m)}$, $a_{n-n'+1}^{(m)}, \ldots a_n^{(m)}$, est calculé en fonction du 1er terme de cette suite, et de ses différences syntagmatiques 1re, $2^e, \ldots n^{ième}$, du module u, de l'indice m de l'ordre auquel cette somme-syntagmatique appartient, et de n', indicateur du rang auquel $a_n^{(m)}$ est placé après $a_{n-n'}^{(m)}$.

Il y auroit encore lieu de présenter ici d'autres formules, dont nous ne pouvons nous occuper en ce moment.

16. Soit maintenant une syntagmatique A_0, A_1, A_2, etc., coordonnée à son anti-syntagmatique A'_0, A'_1, A'_2, etc. ; au moyen de l'équation

$$A'_n = A_n - U_1 A_{n-1} - \ldots - U_{\nu-1} A_{n-\nu+1} - U_\nu A_{n-\nu};$$

(les ν modules U_1, U_2, etc., étant supposés constans.)

On peut exprimer le terme A'_n de la manière suivante, en fonction de n, des modules, et des $1+n$ premiers termes de l'anti-syntagmatique.

$$(\mathfrak{F}) \cdots A_n = \begin{cases} A'_n \\ + S\left[A'_{n-\theta_1\alpha_1} U_{\alpha_1}^{\theta_1}\right] \\ + S\left[\frac{1\ldots\theta_1 \times 1\ldots\theta_2}{1\ldots(\theta_1+\theta_2)} A'_{n-\theta_1\alpha_1-\theta_2\alpha_2} U_{\alpha_1}^{\theta_1} U_{\alpha_2}^{\theta_2}\right] \\ + S\left[\frac{1\ldots(\theta_1+\theta_2+\theta_3)}{1\ldots\theta_1 \times 1\ldots\theta_2 \times 1\ldots\theta_3} A'_{n-\theta_1\alpha_1-\theta_2\alpha_2-\theta_3\alpha_3} U_{\alpha_1}^{\theta_1} U_{\alpha_2}^{\theta_2} U_{\alpha_3}^{\theta_3}\right] \\ + \ldots\ldots\ldots\ldots\ldots\ldots\ldots\ldots \\ + S\left[\frac{1\ldots(\theta_1+\ldots+\theta_\nu)}{1\ldots\theta_1 \times\ldots\times 1\ldots\theta_\nu} A'_{n-\theta_1\alpha_1-\ldots-\theta_\nu\alpha_\nu} U_{\alpha_1}^{\theta_1}\ldots U_{\alpha_\nu}^{\theta_\nu}\right] \end{cases}$$

La lettre S, placée en tête des termes qui suivent A'_n, indique que ce sont des termes complexes, contenant respectivement une somme d'autant de termes partiels, qu'on peut en obtenir en combinant respectivement, un à un, deux à deux,..., ν à ν, non-seulement chacun des ν modules, U_1, U_2, de l'équation de relation, mais en outre chacune des puissances de ce module, puissances dont les exposants sont représentés par θ_1, θ_2, etc., la même puissance d'un même module pouvant se répéter plusieurs fois dans ces combinaisons, de sorte qu'au premier aspect, chacun de ces termes complexes présente une somme d'un nombre infini de termes partiels; et véritablement, on pourroit admettre cette infinité sans que cela tirât à conséquence, parce que, dans ce nombre infini, il y en a une infinité qui sont nuls; ce sont tous ceux dans lesquels il se trouve un facteur à indice inférieur négatif, de la forme $A'_{n-\theta_1\alpha_1-\text{etc.}}$; attendu que ces facteurs qui seroient des termes de l'anti-syntagmatique placés à la gauche de A_0, seroient autant de zéros; il faudra donc exclure toute combinaison qui produiroit un terme partiel nul.

On peut vérifier aisément cette formule sur le terme $(1+n)^{ième}$ d'une syntagmatique à deux, trois, quatre ou cinq modules, et l'on n'aura pas de peine à reconnoître que si la formule est admissible pour une syntagmatique à ν modules, elle l'est encore pour la syntagmatique à $\nu+1$ modules.

17. La formule, dont on s'est servi à l'article V de l'Appendice à la nouvelle méthode pour la résolution des équations numériques, est celle à laquelle (F) se réduit quand on y fait $\nu=2$. (1)

Pour comprendre comment elle a pu être appliquée à cet usage, il faut observer que si les $1+n$ premiers termes d'une suite sont les coefficiens d'un polynome en x du degré n, les $1+n-\nu$ premiers termes de sa syntagmatique, à ν modules, sont les coefficiens du polynome en x du degré... $n-\nu$, quotient de la division du premier polynome par.... $x^\nu - U_1 x^{\nu-1} \ldots - U_\nu x^0$; et que si la division peut se faire exactement, les ν termes suivans, dans la syntagmatique, doivent être chacun nuls, de sorte que, dans ce cas, la formule (F), dans laquelle n reçoit successivement les valeurs n, $n-1\ldots$, $n-\nu+1$, fournit ν équations pour la détermination des ν modules, considérés comme autant de nombres inconnus. On voit par-là comment la recherche des facteurs simples, et celle des facteurs du 2e degré, d'une équation d'un degré quelconque, se ramènent respectivement à la détermination du module *annulateur* du syntagme d'une suite, à un seul module constant, et à celle des deux modules *annulateurs* du syntagme et du pro-syntagme d'une suite, à deux modules constans.

18. Nous aurions encore à traiter du *syntagmatisme* à ν modules, dans les différens ordres de syntagmatiques et d'anti-syntagmatiques, mais les circonstances nous pressent et nous forcent de terminer cet *Apperçu*, en faisant observer que deux suites quelconques, peuvent être assujetties au syngmatisme à ν modules, le dernier module U_ν étant seul sujet à varier, et les autres étant des nombres constans, dont la détermination dépend respectivement des ν premiers termes de l'une et l'autre suites.

---

(1) Il y a deux fautes à corriger dans le second membre de cette formule, page 101 :

1°. Au lieu de a_1, a_2, etc., *mettez* a'_1, a'_2. etc.

2°. Au lieu de $n-1$, $n-2$, etc., *mettez*, respectivement, n, $n-1$, etc.

NOTES. — I. Dans un mémoire que j'ai présenté à l'Institut le 31 août 1815, j'annonçois un calcul aux différences et intégrales *syntagmatiques*, dont le calcul aux différences et intégrales ordinaires seroit un cas individuel. Voyez pour exemple la formule (F'').

II. Une suite récurrente est un cas particulier des suites syntagmatiques.

III. Une couple de suites de nombres quelconques, assujéties au double syntagmatisme, à un module, par les équations de relation, principale et auxiliaire, se trouve *conjuguée*, par son *système modulaire*, à une autre couple de suites dont la seconde est sommatoire de la première. Le même système modulaire pouvant appartenir à diverses couples de suites, celles-ci peuvent être considérées comme formant ensemble une *famille naturelle*.

IV. Deux suites de nombres quelconques peuvent être aussi assujéties au syntagmatisme à ν modules, le module U_ν étant le seul variable, et les autres modules étant des nombres constans qui sont déterminés par le moyen des $1+\nu$ premiers termes de ces deux suites, conformément à l'équation de relation.

FIN

www.ingramcontent.com/pod-product-compliance
Ingram Content Group UK Ltd.
Pitfield, Milton Keynes, MK11 3LW, UK
UKHW012045240726
13965UKWH00003B/1049

9 782013 430548